Julian Muhmenthaler

Waldbewirtschaftung in der Schweiz

: Haupt
NATUR

Lärchen-Arvenwald bei Zernez (GR) im Herbst 2024. Bild: LFI/WSL

Julian Muhmenthaler

Waldbewirtschaftung in der Schweiz

Geschichte und multifunktionaler Waldbau im Klimawandel

Haupt Verlag

Danksagung

Ohne die tatkräftige Unterstützung vieler Menschen wäre dieses Buch nicht möglich gewesen. Mein herzlicher Dank gilt meinen Kolleginnen und Kollegen, insbesondere Dominik Brantschen, Ella Hartmann, Martin Brüllhardt und vielen weiteren, die mit ihrem Fachwissen, ihren Anregungen und Korrekturen und vor allem ihrer Begeisterung für die Schweizer Waldbewirtschaftung massgeblich zur Entstehung dieses Werkes beigetragen haben.

Ein besonderer Dank gebührt auch meinem Arbeitgeber, dem Bildungszentrum Wald Lyss, für das Vertrauen und den Freiraum, die mir entgegengebracht wurden. Die Zeit am BZW Lyss hat es mir ermöglicht, mich intensiv mit der Waldbewirtschaftung in der Schweiz und damit, wie sie in der Öffentlichkeit wahrgenommen wird, auseinanderzusetzen.

Ausserdem danke ich meiner Mutter, Michaela Muhmenthaler, die sich bereits während des Schreibprozesses grosszügig Zeit genommen hat, um diverse Versionen auf Sprache, Verständlichkeit und Stil zu überprüfen.

Schliesslich danke ich allen, die durch ihre Diskussionen, Anregungen und ihr wohlwollendes Interesse zur Weiterentwicklung meiner Gedanken beigetragen haben. Dieses Buch ist das Ergebnis unserer gemeinsamen Anstrengung. Möge es dazu beitragen, das Bewusstsein für die Bedeutung unserer Wälder zu stärken und das Wissen über ihre nachhaltige Pflege und Nutzung zu fördern.

Inhalt

Vorwort

Tannenverjüngung in diffusem Licht in den Wäldern von Derbaly (FR), Herbst 2024. Bild: Julian Muhmenthaler

Durch meine Tätigkeit als Fachlehrer für Waldbau am Bildungszentrum Wald in Lyss und als unabhängiger Berater und Moderator in Waldfragen beschäftige ich mich jeden Tag mit dem Wald, der Waldbewirtschaftung und damit, wie sie in der Öffentlichkeit wahrgenommen wird.

Dabei ist mir früh aufgefallen, dass es – obwohl es Tausende unterschiedlicher Gartenbücher gibt – keinen allgemeinen Leitfaden für die Waldbewirtschaftung gibt. Selbst zu spezifischen Unterthemen wie der Waldökologie, der Standorts- und Wachstumskunde und dem Waldbau ist es oft schwierig, öffentlich zugängliche und allgemein verständliche Literatur zu finden.

Das führt zu einem Informationsdefizit bei der Bevölkerung, die sich hingegen sehr für den Zustand des Waldes und dessen Bewirtschaftung interessiert. Vielerorts ärgern sich Anwohnende und Besuchende über waldbauliche Eingriffe mit dem Argument, der Wald werde «abgeholzt». Dieses subjektive Empfinden nach einem Holzschlag ist intuitiv nachvollziehbar, aber in Anbetracht der langen Zeiträume, die in der Waldbewirtschaftung beplant werden müssen, und der hohen Komplexität des Ökosystems Wald vielfach zu kurz gegriffen.

Dieses Informationsvakuum erschwert auch Medienschaffenden den Zugang zu gut aufbereiteter, qualitativ hochwertiger Information. Nicht selten wird dann auf alternative Werke, wie diejenigen von Peter Wohlleben, zurückgegriffen, was jedoch zu einer Verklärung des öffentlichen Dialogs führt.

Um die Akzeptanz gegenüber der Waldbewirtschaftung zu steigern, ist es deshalb wichtig zu vermitteln, warum solche Eingriffe dennoch wertvoll für die Natur und die Gesellschaft sein können. Dafür braucht es eine ganzheitliche Betrachtung des Waldes, dessen Bewirtschaftung und der sozioökonomischen Rahmenbedingungen.

Das vorliegende Buch hat weder den Anspruch an Vollständigkeit noch daran, ein klassisches Lehrmittel zu sein. Vielmehr soll es einen ganzheitlichen Blick hinter die Kulissen von Waldforschung und -bewirtschaftung werfen, um einen aufgeklärten und rationalen Dialog über den Wald, seine Zukunft im Klimawandel und dessen Bewirtschaftung zu ermöglichen.

Einleitung

Sommertag im Waldreservat Le Lapé (FR), 2024. Fichte, Arve und Vogelbeere dominieren diesen majestätischen Wald mit Blick auf die Dent de Ruth. Bild: Julian Muhmenthaler

Die Schweiz ist ein Land der Berge, Täler und – nicht zuletzt – der Wälder. Mit einer Waldfläche, die rund ein Drittel der Landesfläche bedeckt, prägt dieses einzigartige Ökosystem nicht nur das Landschaftsbild, sondern auch das Leben und die Kultur der Menschen. Der Wald ist weit mehr als eine Ansammlung von Bäumen: Wald ist ein vielfältiger Lebensraum, liefert den wertvollen, nachhaltigen Rohstoff Holz, schützt kosteneffizient gegen Naturgefahren und ist ein Ort der Erholung für Gross und Klein. Die Bewirtschaftung und Pflege dieses wertvollen Gutes ist demzufolge eine anspruchs- und verantwortungsvolle Aufgabe, die ökologische, ökonomische und gesellschaftliche Aspekte miteinander in Einklang bringen muss.

Die Schweizer Wälder sind Heimat einer beeindruckenden Vielfalt an Pflanzen und Tieren. Von laubholzdominierten Wäldern in den Tieflagen des Mittellandes bis zu subalpinen Lärchen-Arven-Wäldern im Hochgebirge bietet der Wald Lebensräume für eine Vielzahl von Arten. Diese Vielfalt ist nicht nur faszinierend, sondern auch essenziell für das Gleichgewicht des gesamten Ökosystems, auch ausserhalb des Waldes. Eine nachhaltige Waldbewirtschaftung muss daher stets die natürlichen Prozesse und Kreisläufe berücksichtigen und darauf achten, die Artenvielfalt zu erhalten und zu fördern.

Auch abseits der Biodiversität hat der Wald für die Schweizer Bevölkerung eine herausragende Bedeutung. Er liefert Holz als nachwachsenden Rohstoff, schützt Siedlungen und Verkehrswege vor Lawinen, Erdrutschen und Hochwasser und dient als natürlicher Klimaregulator, indem er CO_2 aus der Atmosphäre aufnimmt und speichert und zur Luftreinigung beiträgt. Nicht zuletzt ist der Wald ein geschätzter Erholungsraum, der den Menschen in ihrer Freizeit als Ort der Ruhe und Inspiration dient.

Ein Thema, das mir beim Schreiben dieses Buches immer wieder begegnet ist, ist die Abstraktion. Die Natur und damit auch der Wald sind im Zusammenspiel mit der gesellschaftlichen Entwicklung in ihrer Ganzheit unfassbar komplex. Um die Prozesse und Eigenschaften greifbar und verständlich zu machen, sind eine gewisse Abstraktion und eine Reihe von zugrunde liegenden Konzepten notwendig.

Dieses Buch widmet sich der Waldbewirtschaftung in der Schweiz und beleuchtet die zahlreichen Herausforderungen und Chancen, die mit der Nutzung und dem Schutz der Schweizer Wälder einhergehen. Es zeigt auf, auf welchen naturwissenschaftlichen Grundlagen die Waldbewirtschaftung basiert und wie nachhaltige Bewirtschaftungskonzepte dazu beitragen können, die vielfältigen Funktionen des Waldes langfristig zu erhalten.

ABLAUF DURCH DIE KAPITEL

Im ersten Kapitel wird die Geschichte der Waldnutzung und der gesellschaftlichen Ansprüche an den Wald, von Brennholz über Bauholz bis hin zu den heute anerkannten vielfältigen Waldleistungen, erzählt und aufgezeigt, warum viele Wälder bis heute immer noch stark von der vergangenen Waldnutzung geprägt sind.

Das zweite Kapitel durchläuft die Geschichte der Waldbewirtschaftung und geht dabei insbesondere auf die Frage ein, wie sich der Nachhaltigkeitsbegriff im Laufe der Zeit entwickelt hat. Ausserdem wird aufgezeigt, wie sich die Waldbewirtschaftung jeweils in enger Wechselwirkung mit den gesellschaftlichen Veränderungen mitentwickelt hat.

Im dritten Kapitel werden anhand eines Planungsprozesses in sechs Schritten die notwendigen Grundlagen für einen informierten Dialog über den Wald und dessen Pflege und Bewirtschaftung erarbeitet. Dazu gehören die Grundlagen der Standortskunde, der Charakter der unterschiedlichen Baumarten, die Waldökologie und die Waldwachstumslehre sowie die Prinzipien des Waldbaus und der Waldplanung – um nur einige zu nennen.

Im vierten Kapitel wird die aktuelle Situation des Schweizer Waldes und der Waldbewirtschaftung beleuchtet. Dafür werden ausgewählte Resultate aus dem Landesforstinventar (LFI) und dem Forstwirtschaftlichen Testbetriebsnetz (TBN) präsentiert und Parallelen zwischen dem heutigen Zustand der Wälder und deren Bewirtschaftungsgeschichte aufgezeigt.

Subalpine Fichtenwälder in der Nähe der Gastlosen mit Blick auf die Dent de Ruth und die Dent de Savigny (FR). Bild: Julian Muhmenthaler

Das fünfte Kapitel erörtert, welche Veränderungen im Wald sich schon heute aufgrund der Klimaerwärmung und des globalen Wandels bemerkbar machen und wie sich die Umweltbedingungen und damit der Wald zukünftig verändern werden. Dabei wird aufgezeigt, wie sich die Waldbewirtschaftung in Anbetracht des Klimawandels verändern muss, um, soweit möglich, die kontinuierliche Bereitstellung der Waldleistungen zu gewährleisten. Dabei stehen insbesondere das Ausmass der erwarteten Veränderung in Waldökosystemen sowie die praktische Umsetzung der sogenannten Adaptationsprinzipien im Zentrum.

Das sechste Kapitel widmet sich vollständig dem modernen multifunktionalen Waldbau, wie er heute praktiziert wird. Dafür wird zunächst erläutert, wie sinnvolle Ziele definiert werden können, die den gesellschaftlichen Bedürfnissen und Rahmenbedingungen entsprechen. Anhand der Lebensphasen eines Baumes werden Überlegungen, die für ein kohärentes Produktionskonzept notwendig sind, dargestellt. Die baumzentrierte Überlegung kann dabei unabhängig der gewählten Verjüngungsfläche als Gedankenstütze dienen. Spezielle Unterkapitel widmen sich ausserdem den Besonderheiten der Bewirtschaftung in ungleichförmigen Wäldern sowie im Gebirgs- und Schutzwald.

Das siebte und letzte Kapitel gibt einen umfassenden Überblick über die wichtigsten Organisationen in der Schweizer Waldforschung, -lehre und -bewirtschaftung. Es stellt zentrale Institutionen sowie Hochschulen und Ausbildungsstätten mit forstwissenschaftlichen Schwerpunkten vor. Zudem werden Fachverbände und Netzwerke beschrieben, die sich für nachhaltige Waldbewirtschaftung und den Wissensaustausch rund um Waldfragen einsetzen. Ein weiterer Fokus liegt auf frei verfügbaren Ressourcen, Publikationen und digitalen Plattformen, die Informationen zum Schweizer Wald und dessen Bewirtschaftung bereitstellen, und dient damit als Orientierungshilfe für Interessierte, die sich vertieft mit dem Thema Wald in der Schweiz beschäftigen möchten.

1 Geschichte der Waldnutzung

Mittelwaldbewirtschaftung im frühen 20. Jahrhundert in Güttingen (TG), nach dem Holzschlag im Winter 1924/25. Bild: Hans Burger | EAF_01086 | © WSL

Der Wald begleitet uns seit Beginn der Menschheit. Unseren frühesten Vorfahren diente der Wald zugleich als Zufluchtsort und Nahrungsquelle. Für sehr lange Zeit waren Jagen und Sammeln die einzigen Formen der Waldnutzung. Vor etwa 1,5 Millionen Jahren kam mit der Entdeckung des Feuers eine weitere hinzu: Brennstoff. Die frühen Menschen nutzten Feuer als Lichtquelle, Wärmelieferant, zum Kochen und zum Teil als ausgefeilte Jagdstrategie. Aufgrund der geringen Bevölkerungsdichte liess sich dieser Bedarf problemlos decken.

Der Rückzug der Gletscher am Ende der letzten Eiszeit vor ca. 12 000 Jahren und die darauffolgende grossflächige Wiederbewaldung Europas markiert den Beginn des Holozäns. Die ersten archäologischen Indizien zur Nutzung von Holz als Baumaterial stammen aus den Überresten von mesolithischen Behausungen in Grossbritannien, die rund 10 000 Jahre alt sind.

Die neolithische Revolution, die vor etwa 8000 Jahren auch Mitteleuropa erreichte, bezeichnet das erstmalige Aufkommen produzierender, sesshafter Lebensweisen mit Pflanzenbau und Tierhaltung. Sie markiert den eigentlichen Beginn der **Bewirtschaftung** von Wiese und Ackerland. Davor wurde nur gesammelt und gejagt.

Durch den neu entstandenen Bedarf an Acker- und Weideflächen kam es erstmalig zu einem direkten Landnutzungskonflikt: **zum ersten Mal in der Geschichte der Menschheit war der Wald etwas anderem im Weg.** So wurden immer grössere Waldflächen gerodet und in Agrar- oder Weideland überführt, und der Nutzungsdruck auf den Wald begann zu steigen.

1.1 VIELFÄLTIGE TRADITIONELLE WALDNUTZUNG

Bereits die Römer entwickelten in Europa frühe Formen der Waldbewirtschaftung. Dabei existieren unter anderem Schriften über die forstliche Saatgutgewinnung, die Waldpflanzennachzucht und unterschiedliche Formen der Waldbewirtschaftung. Die Römer differenzierten insbesondere drei Arten von Wäldern, deren Produkte den unterschiedlichen Bedürfnissen der Gesellschaft entsprachen.

Die **Niederwälder,** in denen regelmässig Brennholz und Pfahlholz kleiner Dimensionen genutzt wurden, **Waldweiden** mit kombinierter Nutzung als Weide und zur Herstellung von Nutzholz und schliesslich die selten genutzten grossen Waldgebiete weitab der Siedlungen, die sogenannten **Hochwälder,** aus denen der schwankende Bedarf nach Bauholz gedeckt werden konnte. Diese konzeptuelle Dreiteilung der Waldnutzung entsprang dem natürlichen Bedürfnis nach differenzierter Waldnutzung. Diese Einteilung finden wir durch das Mittelalter bis in die Anfänge der Neuzeit auch in der Schweiz (mehr dazu in Kapitel 2).

Klimatisch war das Mittelalter in der Schweiz von einer überdurchschnittlich warmen Periode gekennzeichnet. Das milde Klima verbesserte die Ernte und machte auch hochgelegene Alpentäler ganzjährig bewohnbar. Wein- und Kornanbau waren weit verbreitet. Im Urserental sind im Spätmittelalter Kornäcker auf über 1400 m über Meer

Abb. 1.1 Buchlauber bei den gefüllten Säcken, 1915, bei Flums (SG).
Bild: Frédéric Engel | SGV_03D_01503 | © Empirische Kulturwissenschaft Schweiz (EKWS)

überliefert und an günstigen Lagen am Vierwaldstättersee fand selbst die von den Römern eingeführte Edelkastanie günstige Bedingungen vor.

Doch Mitte des 16. Jahrhunderts begann die Jahresmitteltemperatur zu sinken und läutete damit den Beginn der kleinen Eiszeit ein, die bis Mitte des 19. Jahrhunderts dauerte. Durch die kälteren Bedingungen verkleinerte sich das für den Getreideanbau geeignete Gebiet und die Flächenproduktivität sank deutlich. Aus diesem Grund mussten auch ausserhalb des Siedlungsgebiets durch Rodungen zusätzliche Agrarflächen erschlossen werden, was zu einer weiteren Waldverminderung führte.

Bis ins 19. Jahrhundert war die Waldnutzung durch eine Vielzahl unterschiedlicher Nutzungsarten charakterisiert. Eine der häufigsten Nutzungsformen war die Waldweide. Bis gegen Ende des 18. Jahrhunderts war die Beweidung der Wälder weit verbreitet und stellte vielerorts sogar die wichtigste Einkommensquelle aus dem Wald dar. Besonders häufig wurden dabei mit fetthaltigen Eicheln oder Bucheckern Schweine gemästet oder in lückigeren Wäldern die Grasflächen beweidet. Auf weniger produktiven Böden und im Berggebiet war die Waldweide mit Ziegen und Schafen noch bis Mitte des 20. Jahrhunderts weit verbreitet.

Neben der direkten Beweidung diente der Wald weiter als Futterquelle und Rohstoffproduzent, vorwiegend für Brenn- und Bauholz. Blätter und Nadeln wurden im grossen Stil für die Fütterung von Nutztieren und als Einstreu für die Stallhaltung gesammelt. Neben der Verwendung der Waldstreu als Einstreumaterial wurde die Waldstreu auch im Haushalt gebraucht. Vor allem ärmere Leute schliefen bis ins 20. Jahrhundert häufig auf Bettlaub. Der Wald war also vielerorts eine überlebensnotwendige Ressource.

Einen Einblick in den hohen Nutzungsdruck geben auch die Aufzeichnungen des damaligen Oberförsters des Berner Oberlandes, Albrecht Karl Ludwig Karsthofer. Dieser schrieb 1823:

> *«Wo sollen wir Streue hernehmen, zum Lager für unser Vieh, zum Bauen unserer Matten und Weiden, wenn wir nicht die Baumblätter in den Wäldern zusammenrechen könnten? Wir Leute im Gebirge, wo der Winter so lange dauert, können ja fast kein Korn bauen, wir gewinnen also kein Stroh zur Stallstreue, sondern kaum genug für unser eignes Lager.»*

Wie drastisch die Abhängigkeit der Bevölkerung von diesen Ressourcen war, zeigt sich darin, dass selbst Karsthofer zu diesem Zeitpunkt kein Buchenwald im Berner Oberland bekannt war, der nicht *«von seinem obersten Anfange bis an sein unterstes Ende ganz rein von Buchenlaub gewischt worden wäre»*.

1.2 INDUSTRIALISIERUNG UND HOLZHUNGER

Das 18. und das 19. Jahrhundert brachten grundlegende strukturelle Veränderungen, die sich entscheidend auf die Waldnutzung auswirkten. Neben Privathaushalten waren frühe industrielle Betriebe wie Ziegeleien, Salinen oder Eisenhütten die grössten Holzverbraucher.

Die Verarbeitung von Holz zur leichter transportierbaren Holzkohle und die besseren Transportmöglichkeiten der Zeit ermöglichten es nun, selbst Holz aus abgelegenen Gebieten zu nutzen, und führte nicht selten zur kompletten Entwaldung der als wertlos empfundenen Wälder. Die fortschreitende Industrialisierung im 19. Jahrhundert läutete ein neues Zeitalter der Waldnutzung ein: den Holzhunger. Befeuert durch steigende Bevölkerungszahlen und den wachsenden Pro-Kopf-Energiebedarf stieg die Nachfrage nach Holz stark an. Die fortschreitende Industrialisierung brauchte ebenfalls viel Holz für die Herstellung von Eisenbahnschwellen, den Brückenbau sowie den fortschreitenden Umstieg der Industrie von wasser- zu dampfbetriebenen Turbinen. Mit steigender Bedeutung der Holzproduktion verloren die traditionellen Waldnutzungsformen zunehmend an Bedeutung und der Nutzungsdruck auf den Wald wurde immer stärker.

Der Forstingenieur Elias Landolt erhob im 19. Jahrhundert erstmals statistische Daten zum Holzvorrat in den Wäldern und zum Holzbedarf der Schweiz. Gemäss seinen Untersuchungen deckte der lokale Holzzuwachs im Kanton Appenzell Ausserrhoden nur gerade mal 32 Prozent des Holzbedarfs des Kantons. In ländlichen Regionen wie dem Waadtländer Jura (156 %) dagegen war noch ungenutztes Potenzial vorhanden. Für den Zeitraum von 1858 bis 1860 errechnete Landolt für die ganze Schweiz einen Holzzuwachs, der rund 85 Prozent des landesweiten Bedarfs entsprach.

Abb. 1.2 Brennholztransport im Winter mit Schlitten und Pferden bei Sumiswald (BE), 1910.
Bild: Franz Fankhauser | FAN_50179 | © WSL

1.3 DAS ERSTE FORSTPOLIZEIGESETZ UND DER SCHUTZWALD

Die Folgen der Übernutzung machten sich im Verlauf des 19. Jahrhunderts zunehmend bemerkbar. Von den einst weitverbreiteten Wäldern waren nur noch kleine Teile übrig – und auch diese zeigten klare Spuren der Übernutzung. Besonders in schlecht erschlossenen Gebieten drohte immer wieder Holzknappheit und Klagen über den schlechten Zustand der Wälder wurden immer lauter. Die Furcht vor drohendem Holzmangel ergriff breite Bevölkerungsschichten und beeinflusste das Denken und die Politik jener Zeit. Infolgedessen begannen die Kantone damit, erste Forstgesetze zu erlassen. Unter dem Einfluss der Agrarmodernisierung wurden traditionelle Nebennutzungen wie die Waldweide unterbunden, damit der Wald nachhaltig den steigenden Bedarf an Bau- und Brennholz decken konnte.

Ausserdem wurde die Schweiz in der ersten Hälfte des 19. Jahrhunderts von verschiedenen Naturkatastrophen erschüttert. Der Goldauer Bergsturz von 1806 sowie verschiedene grossflächige Überschwemmungen 1834, 1837 und 1839 hinterliessen grosse Schäden und kosteten Hunderten Menschen das Leben. Bald darauf, im Jahr 1842, verfasste der Schweizer Geologe und Forstwissenschaftler Charles Lardy seine *Denkschrift*

Abb. 1.3 Frühe Lawinenverbauungen im Dürrbach-Gebiet bei Engelberg (BE), 1926.
Bild: Franz Fankhauser | FAN_52350 | © WSL

über die Zerstörung der Wälder in den Hochalpen, die Folgen davon für diese selbst und die angrenzenden Landestheile und die Mittel diesen Schaden abzuwenden. Darin kritisiert er insbesondere die im Gebirge häufiger werdende Kahlschlagwirtschaft. Die daraufhin vom Bundesrat in Auftrag gegebenen Berichte über die Gebirgswaldungen (Landolt, 1862) und die Wildbäche im Gebirge (Culmann, 1864) verdeutlichten den Einfluss der Wälder auf Naturgefahrenprozesse und führten schlussendlich 1874 dazu, dass die Aufsicht über die Wasserbau- und Forstpolizei dem Bund übertragen wurde.

Die neu erkannte Bedeutung des Waldes für den Schutz vor Naturgefahren sowie der Wunsch nach einer ökonomisch nachhaltigen Forstwirtschaft kulminierten 1876 in der Schaffung des **ersten schweizerischen Forstpolizeigesetzes.**

Der Bund schrieb zum 125. Jubiläum des Forstpolizeigesetzes Folgendes in seiner Medienmitteilung:

«Das revolutionär Neue am Forstpolizeigesetz von 1876 war sein Grundsatz der Nachhaltigkeit: Die Erkenntnis, dass jede Generation Anrecht auf die gleichen Ertragsmöglichkeiten haben soll, dass immer nur die Zinsen – das nachwachsende Holz – genutzt werden dürfen, dass das Kapital – der Holzvorrat – aber unangetastet bleiben soll. Das Forstpolizeigesetz von 1876 war und ist internationales Vorbild.»

Mit der Bedeutung der **Schutzfunktion** wurde erstmals eine Leistung des Waldes ausserhalb der direkten Rohstoffversorgung gesellschaftlich anerkannt. Aus diesem Gedanken hat sich die Schutzwaldbewirtschaftung entwickelt, die primär auf die nachhaltige Schutzwirkung fokussiert und «nebenbei» Holz und weitere Waldleistungen produziert (siehe Kapitel 6.10).

1.4 KAHLSCHLAGVERBOT UND WIEDERBEWALDUNG

In der Schweiz wurde der Kahlschlag, also die schlagartige und komplette Entfernung der gesamten Bestockung, in öffentlichen Wäldern und privaten Schutzwäldern mit dem 1903 in Kraft getretenen Forstgesetz verboten und 1923 mittels Gesetzesrevision auf alle Waldungen ausgedehnt.

Auch hier existiert keine eindeutige Definition, was genau einen Kahlschlag ausmacht. Das Hauptziel war es zu vermeiden, dass Waldstandorte durch Erosionsprozesse degradiert werden. In der Praxis gilt heute häufig die Faustregel: Ab etwa 0,5 Hektar Verjüngungsfläche ohne Vorverjüngung, also ohne bereits etablierte Verjüngung unter dem Hauptbestand, wird es kritisch. Doch wie viel Vorverjüngung es braucht, ist nicht klar definiert. Grossflächige Schadereignisse wie der Wintersturm Lothar haben ausserdem gezeigt, dass sich der Wald auf verjüngungsgünstigen Standorten selbst bei sehr grossflächigen Schäden in der Regel problemlos natürlich regenerieren kann.

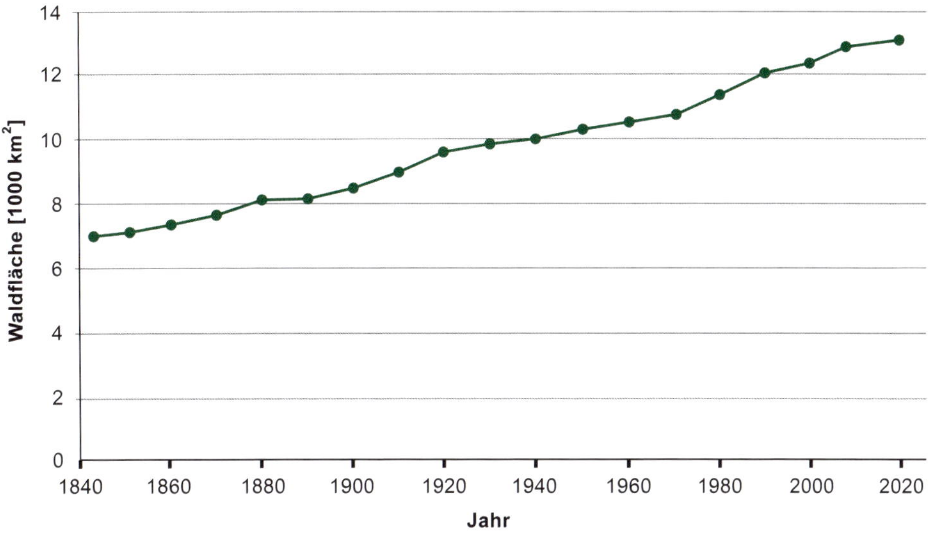

Abb. 1.4 Entwicklung der Waldfläche in der Schweiz von 1840 bis 2020. Nach: Ginzler, Brändli, Hägeli, Waldflächenentwicklung der letzten 120 Jahre in der Schweiz, SZF, 2011

Die neue Gesetzgebung sowie die weiterhin grosse Nachfrage nach Holz und dem damit einhergehenden hohen Holzpreis führten zu einer beispiellosen Wiederbewaldungskampagne in der ganzen Schweiz. Dabei wurden ganze Landstriche aufgeforstet – ein Grossteil davon mit der ökonomisch wertvollen und leicht verarbeitbaren Fichte.

1.4.1 Beispiel Berner Oberland

Die Entwicklung der Waldflächen lässt sich auf regionaler Ebene gut nachvollziehen, was wertvolle Einblicke in die Landschaftsgeschichte und die damit verbundenen Veränderungen der Landnutzung bietet. Als konkretes Beispiel dient ein Ausschnitt des Gantrisch-Gebiets in den Berner Voralpen, wo die Veränderungen der Waldflächen über die letzten 140 Jahre exemplarisch analysiert und dargestellt werden. Das betrachtete Gebiet gehört heute zum Naturpark Gantrisch und liegt knapp 10 Kilometer südöstlich von Schwarzenburg. Das etwa 3 × 5 Kilometer grosse Gebiet reicht von Ottenleuebad im Westen bis zur Schüpfefluh im Osten.

Um etwa 1885 werden erstmals schweizweite Karten verfügbar, die eine ungefähre Bestimmung der Waldfläche ermöglichen. Abbildung 1.5 zeigt die Karte des Untersuchungsgebiets in den Jahren 1885, 1925 und 2020 mit den ausgewiesenen Waldflächen in Grün eingefärbt. Kurz nach Inkrafttreten des ersten Waldgesetzes, aber noch einige Jahrzehnte vor dem nationalen Kahlschlagverbot betrug der Waldanteil im Gebiet nicht einmal mehr 10 Prozent.

1885 Waldanteil < 10 %

1925 Waldanteil 39 %

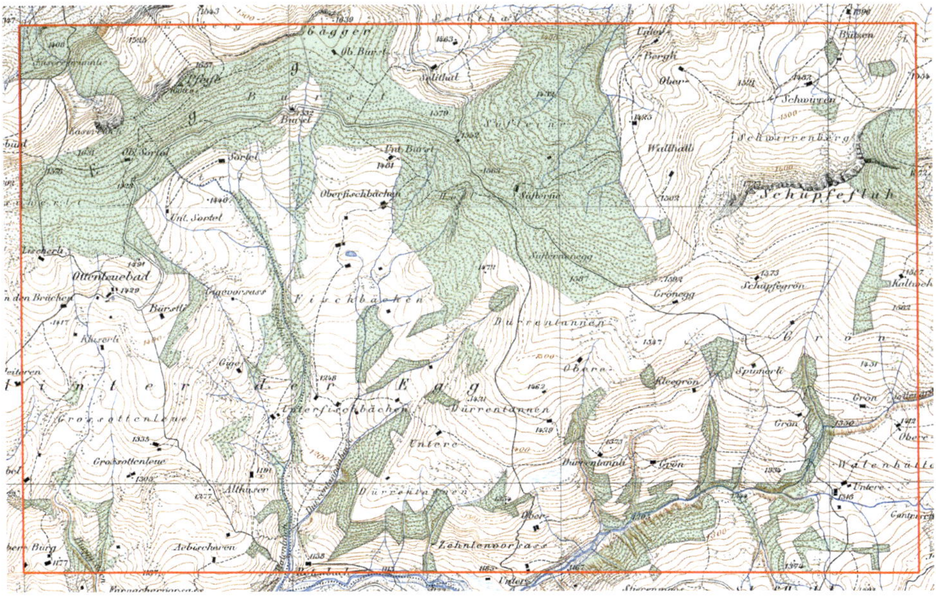

2020 Waldanteil 53 %

Abb. 1.5 Zeitreihe der Waldfläche 1885, 1925 und 2020 im Gebiet der Schüpfefluh im Berner Gantrischgebiet. Waldanteile hergeleitet aus alten Landkarten (1885, 1925) und Luftbildern (2020). Daten: © Swisstopo

In diesem Zeitraum begannen aber auch die ersten grossflächigen Aufforstungsprojekte in der Region. So wurde etwa ein Waldgürtel vom oberen Sortel über die Pfyfe und den Gägger bis hin zur Süftenenegg wiederhergestellt. Durch diese Anstrengungen konnte der Waldanteil bis 1900 bereits auf rund 29 Prozent erhöht werden. Im Zeitraum von 1900 bis 1925 wurde dann der Waldgürtel von der Süftenenegg über den Südhang der Schüpfefluh erweitert und der Waldanteil erreichte bis 1925 schon 39 Prozent. Bis 1950 erhöhte sich der Waldanteil weiter bis auf 46 Prozent.

Im Dezember 1999 wurde die Region stark vom Orkan Lothar getroffen und viele der gepflanzten Fichtenbestände hielten den grossen Windgeschwindigkeiten nicht stand. Diese Flächen konnten sich mittlerweile weitgehend natürlich verjüngen, sind aber auf den Luftbildern noch deutlich erkennbar. 2020 betrug der Waldanteil rund 53 Prozent.

1.5 NATURSCHUTZ UND BIODIVERSITÄT

Aus der Zivilisations- und Industriekritik entwickelten sich etwa zeitgleich erste Vorläufer des Natur- und Landschaftsschutzes. In den 1880er-Jahren stand die Schaffung eines Nationalparks erstmals zur Diskussion. 1909 gelang es dann einer Gruppe von Naturschutzpionieren, die Val Cluozza, oberhalb von Zernez, für 25 Jahre zu pachten. Um den Pachtzins zu finanzieren, gründeten sie den Schweizerischen Bund für Naturschutz; heute ProNatura. 1913 besuchte eine parlamentarische Kommission aus Bern die Val Cluozza und war auf Anhieb von der Nationalparkidee begeistert. Im folgenden Jahr wurde offiziell der erste Nationalpark der Alpen gegründet.

Im Zentrum des Naturschutzes standen zu Beginn aber nicht nur die Natur und die Verantwortung für deren Erhalt, sondern vielmehr das ästhetische und patriotische Empfinden der Zeit, welches die Verschandelung und Zerstörung von Natur und Heimat beklagte. Nicht der haushälterische Umgang mit Ressourcen war das vordringliche Anliegen, sondern der Schutz gefährdeter Objekte.

1948 begann der damalige Waldbauprofessor der ETH Zürich, Hans Leibundgut, damit, erste Waldreservate zu wissenschaftlichen Zwecken anzulegen – diese Wälder wurden ab dann nicht mehr bewirtschaftet und dienten dazu, die natürlichen Prozesse zu beobachten. Zwischen 1948 und 1987 richtete er ein über die ganze Schweiz angelegtes Netz von 39 Reservaten mit einer Gesamtfläche von über 1000 Hektaren ein. Das Reservatsnetz wurde 2007 überarbeitet und umfasst heute 49 Reservate, deren Entwicklung weiterhin von der Eidgenössischen Forschungsanstalt für Wald, Schnee und Landschaft WSL verfolgt wird. Die ältesten Aufnahmen stammen aus dem Waldreservat in Derborence (VS) aus dem Jahr 1955. Für einige der Reservate ist damit die Entwicklung über einen Zeitraum von rund 70 Jahren dokumentiert, was für diese Art von Dauerbeobachtungsflächen aussergewöhnlich lange ist.

1962 wurde die Bundesverfassung um einen Artikel über den Natur- und Heimatschutz erweitert, der vorsieht, dass die Kantone für den Natur- und Heimatschutz zuständig sind. Mit dem neuen Verfassungsartikel erhielten ausserdem ökologische Argumente gegenüber ästhetischen mehr Gewicht, was auch auf eine verstärkte wissenschaftliche Auseinandersetzung mit der Thematik zurückzuführen war.

Naturwaldreservate aus vornehmlich *ökologischen Gründen* entstanden hauptsächlich ab dem Ende der 1990er-Jahre. Dabei gibt es zwei Formen von Waldreservaten mit unterschiedlichen ökologischen Zielsetzungen. Naturwaldreservate (Totalreservate) dienen dem Prozessschutz, also dem Zulassen der natürlichen Entwicklung, und es wird, soweit möglich, auf forstliche Eingriffe verzichtet. In Sonderwaldreservaten hingegen wird gezielt eingegriffen, um seltene Lebensräume zu erhalten und bedrohte Arten zu fördern. Dazu gehören insbesondere Tier- und Pflanzenarten, die viel Licht und Wärme benötigen und deshalb in geschlossenen Waldbeständen keine geeigneten Bedingungen vorfinden.

Heute sind rund 6,3 Prozent der Waldfläche der Schweiz als Waldreservate ausgewiesen. Gemäss der Zielsetzung des Bundesamts für Umwelt BAFU sollen es bis zum Jahr 2030 mindestens 10 Prozent werden.

1.6 ERHOLUNG UND FREIZEITNUTZUNG

Die Freizeitgesellschaft des 20. und 21. Jahrhunderts entdeckte den Wald immer mehr für Erholung und Sport. Der Wald bietet Ruhe, Schatten, Geborgenheit, saubere Luft und damit einen wohltuenden Ausgleich zum vielerorts hektischen, städtischen Alltag. Als Ort der Begegnung bei Spaziergängen und als Plattform für Sportarten wie Mountainbiken, Joggen und Wandern bietet der Wald vielerlei Gelegenheit zur Erholung und wirkt nachweislich positiv auf die menschliche Gesundheit.

In der Schweiz gilt nämlich das freie Betretungsrecht des Waldes und der Wald steht somit allen gratis zur Erholung zur Verfügung. Waldfachleute unterhalten und pflegen den Wald im Auftrag der Waldbesitzenden, sodass er jederzeit als Erholungsraum offensteht – zum Nutzen aller.

All diese Erholungsleistungen wurden bisher weitgehend unentgeltlich im Rahmen der Waldbewirtschaftung beiläufig zur Verfügung gestellt. So existieren die meisten viel begangenen Waldstrassen und Wege hauptsächlich aufgrund der Waldbewirtschaftung; schliesslich muss das geschlagene Holz auch abtransportiert werden können. Ohne Waldbewirtschaftung wären also viele Wälder unzugänglich – oder mindestens unbefahrbar für Fahrräder und Kinderwagen.

Doch inzwischen decken die Einnahmen der Waldbewirtschaftung vielerorts kaum noch die Holzerntekosten (siehe

ZGB Artikel 699

[1] Das Betreten von Wald und Weide und die Aneignung wild wachsender Beeren, Pilze u. dgl. sind in ortsüblichem Umfange jedermann gestattet, soweit nicht im Interesse der Kulturen seitens der zuständigen Behörde einzelne bestimmt umgrenzte Verbote erlassen werden.

Kapitel 4.4). Wenn also von der Öffentlichkeit zusätzliche Infrastruktur oder Waldpflege für die Erholungsnutzung gefordert wird, sollten diese auch abgegolten werden.

1.7 DAS WALDGESETZ VON 1992

Die tiefgreifenden gesellschaftlichen Veränderungen sowie Entwicklungen in der Raumplanung und Waldbewirtschaftung führten im 20. Jahrhundert zu einem Revisionsbedarf des Forstpolizeigesetzes. 1992 löste das **Bundesgesetz über den Wald** (WaG, SR 921.0) das Forstpolizeigesetz ab. Die neue Gesetzgebung betonte die Bedeutung des Schutzes und der nachhaltigen Nutzung von Wäldern. Die Waldverordnung von 1993 konkretisierte die Bestimmungen des Waldgesetzes und legte Leitlinien für den Waldschutz, die Waldbewirtschaftung und die Erhaltung der Waldfunktionen fest.

Gemäss Artikel 1 des Waldgesetzes ist die Gesetzgebung darauf ausgerichtet, dass der Wald seine Funktionen, namentlich seine Schutz-, Wohlfahrts- und Nutzfunktion (**Waldfunktionen**), nachhaltig erfüllen kann. Das Waldgesetz legte damit den Grundstein für eine moderne, nachhaltige und multifunktionale Waldbewirtschaftung.

Das Waldgesetz verpflichtet den Bund ausserdem, für periodische Erhebungen über die Standorte, die Funktionen und den Zustand des Waldes zu sorgen und die Behörden und die Öffentlichkeit über die Bedeutung und den Zustand des Waldes zu informieren. Damit waren die gesetzlichen Grundlagen für das **Landesforstinventar LFI** geschaffen (siehe Kapitel 4.1).

Zweck des Waldgesetzes ist unter anderem, den Wald als naturnahe Lebensgemeinschaft zu schützen. Artikel 20 fordert, dass bei der Waldbewirtschaftung den Erfordernissen des **naturnahen Waldbaus** Rechnung getragen wird. Der Begriff des naturnahen Waldbaus wird jedoch nicht weiter präzisiert. 2010 publizierte das BAFU die «Grundanforderungen an den naturnahen Waldbau», in dem es verschiedene Minimalkriterien definiert, die aus Sicht des Bundes bei der Waldbewirtschaftung nicht unterschritten werden sollten. Diese Kriterien sind jedoch Empfehlungen und haben bisher keine direkte juristische Bedeutung.

1.8 WALDFUNKTIONEN UND MULTIFUNKTIONALITÄT

Die **Waldfunktionen** umfassen jene Aufgaben, die vom Wald erfüllt werden (Wirkungen oder Potenzial des Waldes) und erfüllt werden sollen (Ansprüche des Menschen). Die Waldbewirtschaftung dient dazu, die Waldfunktionen im Sinne der Nachhaltigkeit, also langfristig und kontinuierlich (möglichst ohne Unterbrüche), sicherzustellen.

Da aufgrund der zuvor beschriebenen Nutzungskonflikte jedoch nie zeitgleich alle Waldfunktionen bestmöglich gewährleistet werden können, müssen Kompromisse in Kauf genommen werden. Um unterschiedliche Waldfunktionen bereitzustellen, sind unterschiedliche Bewirtschaftungsansätze nötig. Bei der Planung der Waldbewirtschaftung steht jedoch oft ein bestimmter Aspekt im Vordergrund: die **Vorrang-**

funktion. Werden beispielsweise Infrastruktur oder gar Menschenleben durch nahe liegende Wälder geschützt, ist die Schutzfunktion prioritär. Im stark begangenen, stadtnahen Wald ist hingegen häufig die Erholungsnutzung ausschlaggebend. In Wäldern, wo keine andere übergeordnete Funktion erfüllt werden muss, steht die nachhaltige Holzproduktion im Vordergrund.

Da der Wald jedoch stets mehrere Waldfunktionen zeitgleich erfüllen sollte, spricht man von **multifunktionaler Waldbewirtschaftung.** Die Kernüberlegung dahinter ist, dass, selbst wenn die Waldbewirtschaftung auf ein übergeordnetes Ziel (Vorrangfunktion) ausgerichtet ist, der Waldbau unterschiedlich gestaltet werden kann, um neben der Vorrangfunktion auch weitere Ziele zu verfolgen.

So wird beispielsweise in der Schutzwaldbewirtschaftung (siehe Kapitel 6.10) neben der Schutzwirkung auch noch Holz produziert. Waldbau im Schutzwald sollte also primär sicherstellen, dass die Wälder nachhaltig ihre Schutzfunktion erfüllen können, und sekundär darauf ausgerichtet sein, möglichst kosteneffizient qualitativ hochwertiges Holz zu produzieren und gleichzeitig ein diverses Habitat für Pflanzen und Tiere zu schaffen.

Die Multifunktionalität der Wälder steht im Mittelpunkt des zeitgenössischen Waldbaus und alle Bewirtschaftungskonzepte sollten sich daran orientieren, um sinnvolle, zukunftsgerichtete Ziele zu formulieren.

1.9 WALDLEISTUNGEN – KOMPROMISSE UNVERMEIDBAR

Bis heute wurden viele weitere Leistungen und Produkte identifiziert, die der Wald für die Gesellschaft erbringt. Dazu gehören neben der Holzproduktion und der Schutzleistung unter anderem der Lebensraum für Pflanzen und Tiere (Biodiversität), der Raum für Erholungs- und Freizeitaktivitäten, die CO_2-Speicherwirkung, die Luft- und Wasserreinhaltung und die Kühlwirkung des Waldes.

Die Gesamtheit der vom Wald für die Gesellschaft produzierten Produkte und Dienstleistungen bezeichnen wir heute als **Waldleistungen.** Sie repräsentieren den wirtschaftlichen, sozialen und gesundheitlichen Nutzen des Waldes für den einzelnen Menschen und die Gesellschaft. Aus diesen Waldleistungen setzen sich die heutigen gesellschaftlichen Ansprüche an den Wald (beziehungsweise die Waldnutzung) zusammen. Die moderne multifunktionale Waldbewirtschaftung strebt danach, diese Waldleistungen möglichst breit, zielgerichtet und vor allem langfristig und kontinuierlich bereitzustellen. Doch viele dieser Leistungen werden bis heute nicht oder kaum entschädigt – und das stellt Waldbesitzende und -bewirtschaftende vor eine grosse Herausforderung, da zur Unterstützung der Multifunktionalität zusätzliche Mittel aufgewendet werden müssen.

Abb. 1.6 Überblick über die unterschiedlichen Leistungen, die vom Wald erbracht werden. © WaldSchweiz

ÖKOSYSTEMLEISTUNGEN DES WALDES

Dargestellt sind die Leistungen, die der Schweizer Wald auf **einer Hektare (ha)** erbringt. Rund ein Drittel der Schweiz (1,3 Mio. ha) ist bewaldet. Die naturnahe Waldbewirtschaftung unterstützt den Erhalt der Waldbiodiversität als Grundlage aller Waldleistungen.

1 ha = 10 000 m² (≈ 1,5 Fussballfelder)

Weitere Informationen finden Sie unter **wald.ch**

Versorgungsleistungen

1. Sauerstoffproduktion
   *3 t O_2/ha*Jahr*
2. Stoffliche Holznutzung
   *2,4 m³/ha*Jahr*
3. Energieholznutzung
   *1,6 m³/ha*Jahr*
4. Pilze, Beeren und Kräuter
   haushaltsübliche Mengen
5. Wildfleisch
   *1 kg/ha*Jahr*
6. Trinkwasser
   *3 Mio. Liter gefiltertes Wasser/ha*Jahr*
7. Genetische Ressourcen (Artenvielfalt)
   30 000 Tier-, Pflanzen- und Pilzarten

Regulationsleistungen

8. Kühlleistung
   4 Grad kühler an Hitzetagen
9. Klimaschutz
   *CO_2-Senke: 2 t CO_2/ha*Jahr*
10. Kohlenstoffspeicher Biomasse
    130 t C/ha
11. Kohlenstoffspeicher Waldboden
    180 t C/ha
12. Trinkwasserschutzgebiet
    11 % der Waldfläche
13. Luftfilter
    *60 t/ha*Jahr (Staub und Russ)*

WaldSchweiz
ForêtSuisse
BoscoSvizzero
GuaudSvizzer

Kulturelle Leistungen

18 Arbeitsplatz
6 100 Beschäftigte [CH]

19 Landschaftsbild und Erholung
20 000 km Wanderwege im Wald [CH]

20 Raum für Erlebnisse
freies Betretungsrecht im Wald

21 Raum für Sport
30 000 km Waldstrassen [CH]

22 Raum für Spiritualität
> 120 Bestattungswälder [CH]

23 Raum für Kunst und Kultur
Inspirationsquelle

24 Raum für Bildung und Forschung
Lehrpfade, Waldpädagogik

14 Lebensraum Totholz
24 m^3/ha

15 Waldreservate
7 % der Waldfläche

16 Schutzwald
42 % der Waldfläche

17 Erosions- und Hochwasserschutz
300 000 Liter/ha Wasserpuffer

SCHWEIZER HOLZ

Das BAFU unterscheidet heute 24 Waldleistungen in drei Leistungsgruppen:

Die **Versorgungsleistungen** umfassen die Ökosystemleistungen des Waldes, die der materiellen Versorgung des Menschen dienen. Dazu gehören neben der Produktion von stofflicher (Stamm- und Industrieholz) und energetischer Biomasse (Energieholz) auch die Bereitstellung von Nicht-Holz-Waldprodukten wie Beeren, Pilze und Wildbret. Der Wald ist durch seine beträchtliche Filterleistung ausserdem an der Bereitstellung von hochqualitativem Trinkwasser beteiligt. Der Erhalt von genetischen Ressourcen und die Bereitstellung von Mineralstoffen und anderen abiotischen Produkten wie Kies sind weitere Versorgungsleistungen.

Die **Regulationsleistungen** hingegen umfassen die Leistungen des Waldes, die einen regulierenden Einfluss auf Umweltsysteme wie das Klima oder den Wasserkreislauf haben und so zum menschlichen Wohlergehen beitragen. Der Schutz vor Naturgefahren wie Lawinen, Steinschlag, Rutschungen oder Hochwasser ist die bedeutsamste Regulationsleistung des Waldes. Weitere Leistungen sind die Regulierung von Klima und Mikroklima, die Absorption von Luftschadstoffen, die Bereitstellung von Naturwerten und dem Lebensraum für Tiere und Pflanzen, das Aufrechterhalten von Nährstoffkreisläufen und Lebenszyklen, die Regulierung des Wasserspeichers und Rückhaltevermögens der Waldböden, die biologische Bodenbildung und -stabilisierung sowie der Abbau von Schadstoffen. Eine besondere Bedeutung erhält im Rahmen des Klimawandels ausserdem die Aufnahme und Speicherung von atmosphärischem CO_2 in der Vegetation und im Boden.

Die **kulturellen Leistungen** umfassen jene Leistungen des Waldes, aus denen der Mensch einen spirituellen, gesundheitlichen oder psychischen Nutzen zieht. Der Wald bietet Raum für Erholung, Sport, Entspannung und Abwechslung. Insbesondere die Zugänglichkeit der Wälder ist für die Erholungsleistung ausschlaggebend. Den Unterhalt der Waldstrassen sicherzustellen ist ein grosser Kostenpunkt für die Forstbetriebe und wird nur selten abgegolten. Der Wald ist ausserdem Inspiration für Kunst und Kultur und entsprechend Teil unseres kulturellen Erbes. Er bietet Raum für Spiritualität, Religion und Besinnlichkeit. Der prägende Einfluss der Wälder auf das Landschaftsbild und die Ästhetik des Waldes sind weitere kulturelle Leistungen des Waldes. Zuletzt ist der Wald Gegenstand für Bildung und Forschung und somit essenziell, um unser Verständnis über die faszinierenden Zusammenhänge und Prozesse weiter auszubauen.

1.10 NUTZUNGSKONFLIKTE UND FINANZIELLE ABGELTUNG

Bei der Vielfalt an Waldleistungen, die die Gesellschaft von den Wäldern fordert, sind gewisse Nutzungskonflikte unvermeidbar. Ein Nutzungskonflikt entsteht immer dann, wenn unterschiedliche Leistungen einander konkurrenzieren und somit eine spezifische Leistung nur auf Kosten einer anderen verbessert werden kann. So steht der Ruf aus dem Naturschutz nach mehr alten Bäumen mit Habitatstrukturen dem Wunsch nach maximaler Produktion des nachhaltigen Rohstoffs Holz entgegen. Beide Ansprüche sind dabei legitim, bezeichnen aber unterschiedliche Waldleistungen und können nicht gleichzeitig vollständig erfüllt werden.

Erschwerend kommt hinzu, dass die Holzproduktion bis heute die einzige Waldleistung ist, die tatsächlich direkt bezahlt wird. Kein Wunder also, dass sich auch die Bewirtschaftungskonzepte historisch auf die Holzproduktion konzentrierten. Ob dies auch in Zukunft noch der Fall sein wird, entscheidet die Gesellschaft, die die Rahmenbedingungen für die Waldbewirtschaftung definiert.

Die gesellschaftlichen Ansprüche an den Wald haben sich also im Laufe der Zeit stark verändert. Nach dem historischen Lawinenwinter 1951 wurden die Schutzwaldforschung vorangetrieben und vermehrt Lawinenhänge aufgeforstet. Doch das stellte Planende vor ein Problem: Wie kann die Besitzerschaft eines Waldes motiviert werden, einen Lawinenhang aufzuforsten oder zu bewirtschaften, obwohl sich das ökonomisch nicht lohnt? Aus den Erkenntnissen der Schutzwaldforschung ging mit der Zeit hervor, dass Schutzwälder gepflegt werden müssen, wenn sie langfristig und kontinuierlich ihre Funktion erfüllen sollen. Damit die Pflege der Schutzwälder auch unter nicht rentablen Bedingungen gewährleistet ist, wurden erste Subventionsschemen für die Schutzwaldbewirtschaftung entwickelt.

Abb. 1.7 Ein Blick in die Föhrenwälder des Pfynwalds oberhalb von Leuk (VS). Bild: Julian Muhmenthaler

Der Schutz vor Naturgefahren war damit erst die zweite Waldleistung, die systematisch abgegolten wird, und selbst dort wird nicht die eigentliche Leistung, sondern nur der Aufwand für den Unterhalt bezahlt. Seitdem sind weitere Unterstützungsbeiträge dazugekommen, die über die reguläre Holznutzung hinausgehen (meistens auf kantonaler Ebene).

Unter den geschilderten Umständen wird klar, dass bereits die Definition einer klaren Zielsetzung für die Waldbewirtschaftung ein mentaler Kraftakt ist, bei dem eine Vielzahl unterschiedlicher Interessen abgewogen werden muss. Eine feinfühlige, bedürfnisorientierte Waldbewirtschaftung ist der einzige Weg, dieses Portfolio an Waldleistungen langfristig und nachhaltig sicherzustellen.

Doch was wir als nachhaltig bezeichnen, hat sich ebenfalls verändert – dazu mehr im nächsten Kapitel.

1.11 WALDPOLITIK 2020+

Die Schweiz hat 2017 eine Waldpolitik für die Jahre 2020 und darüber hinaus verabschiedet. Der Fokus dabei liegt auf einer nachhaltigen, multifunktionalen Waldbewirtschaftung, die ökologische, ökonomische und soziale Aspekte berücksichtigt und aufeinander abstimmt.

Damit sollen eine nachhaltige Bewirtschaftung sichergestellt und günstige Rahmenbedingungen für eine effiziente und innovative Waldbewirtschaftung geschaffen werden. Die Waldpolitik 2020+ legt insgesamt elf Ziele fest, die die Holznutzung, den Klimawandel, die wirtschaftliche Leistungsfähigkeit, den Waldboden (inklusive Trinkwasser), den Waldschutz, das Gleichgewicht von Wald und Wild, die Freizeit- und Erholungsnutzung sowie die Bildung und Forschung betreffen.

Die Massnahmen nehmen in erster Linie den Bund in die Pflicht, diese Ziele schweizweit zu erreichen. Doch auch die Kantone sowie weitere Akteure (Waldbesitzende und Waldfachleute, Verbände usw.) müssen sich an der Zielerreichung beteiligen.

2 Geschichte der Waldbewirtschaftung

Buchen-Hallenwald mit einer grossen Eiche (rechts) in Lengnau (AG), 2024. Bild: Julian Muhmenthaler

Nachdem wir im letzten Kapitel einen Blick auf die Geschichte der gesellschaftlichen Bedürfnisse an den Wald geworfen haben, ergründen wir in diesem Kapitel, wie sich die Waldbewirtschaftung entsprechend den gesellschaftlichen Bedürfnissen und den theoretischen und technologischen Möglichkeiten mit der Zeit entwickelt hat.

Die Waldbewirtschaftung unterscheidet sich von der Waldnutzung durch die Absicht, ein spezifisches Produkt zu erzeugen. Dabei werden auch nicht kostendeckende Massnahmen eingesetzt, um die natürliche Entwicklung in eine gewünschte Richtung zu lenken. Im Gegensatz zur Nutzung gibt es also bei der Bewirtschaftung Phasen, in denen Arbeit ohne unmittelbaren Ertrag investiert werden muss (zum Beispiel bei Pflanzung und Waldpflege). Eine intuitive Analogie dazu ist der Unterschied zwischen Sammeln und Anbauen.

«Bewirtschaftung» ist in diesem Sinne *per Definition* zielorientiert; wobei wir im letzten Kapitel gesehen haben, dass sich die Zielsetzungen im Laufe der Zeit ebenfalls grundlegend verändert haben.

2.1 TRADITIONELLE NUTZUNGSFORMEN

Der **Niederwald** bezeichnet eine traditionelle Betriebsart, bei der die Bäume hauptsächlich vegetativ über Stockausschläge verjüngt werden. In kurzen Umtriebszeiten (Rotationen) von 15 bis 30 Jahren wird Holz kleiner Dimensionen für Zaunpfosten und den alltäglichen Brennholzbedarf produziert. Diese Nutzungsart ist nur mit Baumarten möglich, welche die Fähigkeit haben, spontan Stockausschläge zu bilden, und somit bei Nadelhölzern ausgeschlossen.

Im Mittelalter waren Niederwälder weit verbreitet, da Holz die wichtigste Energiequelle darstellte und eine grosse Nachfrage herrschte. Vor der Mechanisierung war der Niederwaldbetrieb perfekt an die Produktion von Brennholz mit den technologischen Mitteln der Zeit angepasst, da die Ernte und der Transport von Stockausschlägen (grosse Dichte, aber geringe Dimensionen) bedeutend einfacher waren als die von Stämmen grosser Dimension. Zweifellos haben früher also praktische Gründe zur grossen Verbreitung dieser Betriebsart beigetragen. Mit dem zunehmenden Fokus auf die Wertholzproduktion und den neuen technologischen Möglichkeiten für Holzernte und Transport hat der Niederwald zunehmend an Bedeutung verloren. Gemäss Landesforstinventar beträgt der Anteil an Niederwäldern in der Schweiz heute nur noch rund 3,1 Prozent.

Der Niederwald ist für die Produktion von Qualitätsholz kaum geeignet, da die geernteten Stämme geringe Dimensionen aufweisen und das Holz der Stockausschläge häufig fehlerhaft ist (Verfärbungen, Verformungen usw.). Ausser in einigen Kastanienwäldern des Tessins wird der Niederwald heute in der Schweiz kaum mehr zu Produktionszwecken genutzt. Hingegen sind Niederwälder häufig in unmittelbarer Nachbarschaft von Verkehrsachsen anzutreffen, wo grössere Bäume eine Gefahr für die Sicherheit darstellen können. Der Niederwald bietet in verschiedenen Situationen eine interessante Alternative, da durch die Wüchsigkeit der Stockausschläge der initiale Pflegeaufwand geringer ausfällt.

Der **Hochwald** ist die heutzutage weitaus geläufigste Betriebsform. Im Gegensatz zum Niederwaldbetrieb, wo die Verjüngung vegetativ über Stockausschläge erfolgt, entsteht die Verjüngung im Hochwald aus Samen (generative Verjüngung). Das Produktionsziel ist dabei meistens Qualitätsholz grösserer Durchmesser, das zu hochwertigen Produkten weiterverarbeitet werden kann. Durch die grösseren Zieldimensionen sind die Umtriebszeiten (Dauer von Verjüngung bis zur Ernte) bedeutend länger, was den Bäumen erlaubt, ihre natürliche Maximalhöhe zu erreichen. Gemäss LFI werden heute über 80 Prozent aller Schweizer Wälder zum Hochwald gezählt.

Mittelwald bezeichnet eine weitere traditionelle Betriebsart, die die Zielsetzungen des Niederwalds und des Hochwalds miteinander verbindet. Die Oberschicht entspricht einem lichten Hochwald. Darunter liegt die Unterschicht (auch Hauschicht genannt), die wie ein Niederwald bewirtschaftet wird. Der Mittelwald erlaubt es, gleichzeitig Brennholz (Ernte der Unterschicht alle 20 bis 40 Jahre) und Bauholz zu produzieren (Ernte der Kernwüchse aus der Oberschicht, sobald der Zieldurchmesser erreicht ist). Der Mittelwald ist also durch unterschiedliche Umtriebszeiten der Ober- und der Unterschicht charakterisiert. Diese Betriebsart war im Schweizer Mittelland weit verbreitet, bevor es Ende des 19. Jahrhunderts zu ihrem Niedergang kam. Die Kernwüchse bestanden häufig aus Eichen, die beträchtliche Dimensionen erreichen konnten. Die Unterschicht ihrerseits wies einen grossen Anteil an Hagebuchen auf.

Wytweiden sind Weideflächen mit lichter Baumbestockung. Die Bäume dienen dabei sowohl der Holzproduktion als auch dem Schutz des Viehbestands. Die Wytweide ist eine historische Nutzungsform, die selbst heute in gewissen Regionen der Schweiz noch weit verbreitet ist. Das daraus entstehende feine Mosaik aus offenen und bestockten Flächen ist aus ökologischen und ästhetischen Gründen interessant.

In der Schweiz sind Wytweiden heute charakteristisch für den Jurabogen. Dort besteht die Bestockung oft hauptsächlich aus Fichten, obwohl die natürliche Baumartenzusammensetzung weitaus diverser wäre. Die hohe ökonomische Bedeutung der Fichte für die Waldbewirtschaftung hat in der Vergangenheit dazu geführt, dass die Fichte grossflächig angepflanzt und gefördert wurde. Im Wallis sind in den Sömmerungszonen auch Wytweiden mit Lärche anzutreffen und im Tessin sind vielerorts die Spuren ehemaliger Kastanienselven noch bis heute erkennbar.

Das dynamische Verhältnis von Weide zu Wald offenbart ein empfindliches Gleichgewicht. Einerseits führt die Intensivierung der Beweidung in den offenen Zonen durch den fehlenden Nachwuchs zu einem allmählichen Verschwinden von frei stehenden Bäumen. Andererseits reduziert die Verwaldung die Attraktivität der Weide für das Vieh. Es besteht also auf beiden Seiten die Gefahr der schleichenden Vereinheitlichung der Strukturen. Ohne Regulierung des Beweidungsdrucks und ohne waldbauliche Eingriffe sind Wytweiden nicht zu erhalten.

2.2 SIEGESZUG DES HOCHWALDS

Die hohe Bedeutung von Holz als Baumaterial und Energielieferant führte in vielen Regionen Mitteleuropas, besonders in solchen mit ausgeprägter Bergbautradition, bereits im späten Mittelalter zu weitläufiger Übernutzung der Wälder. Erst aus diesem Kontext entstand die eigentliche Forstwirtschaft und löste die bis dahin vorherrschende, weitgehend unkontrollierte Ausbeutung der Wälder ab. Gegen Ende des 18. Jahrhunderts gewann die Holzwirtschaft durch die zunehmende Trennung von Forst- und Landwirtschaft weiter an Bedeutung. Die Forstwirtschaft wurde weiter professionalisiert und die traditionelle landwirtschaftliche Waldnutzung weitgehend durch eine gezielte Holzproduktion ersetzt.

Da sich eine Veränderung des Holzvorrats erst bei genauer Betrachtung und über lange Beobachtungszeiträume feststellen lässt, ist die Waldbewirtschaftung besonders anfällig gegenüber schleichender Übernutzung. Es erstaunt deshalb nicht, dass erste Gedanken zur Nachhaltigkeit von natürlichen Produktionssystemen aus Überlegungen über die Waldbewirtschaftung entstanden sind.

Die erste Verwendung des Nachhaltigkeitsbegriffs in Bezug auf den langfristigen Umgang mit einer Ressource findet sich in dem im Jahr 1713 erschienenen Buch *Silvicultura oeconomica* mit dem Untertitel *haußwirthliche Nachricht und Naturmäßige Anweisung zur wilden Baum-Zucht* von Hans Carl von Carlowitz. Es gilt als das erste geschlossene Werk über die Forstwirtschaft und von Carlowitz damit als Schöpfer des forstlichen Nachhaltigkeitsbegriffs.

Von Carlowitz schreibt: «*Wird derhalben die gröste Kunst, Wissenschafft, Fleiß, und Einrichtung hiesiger Lande darinnen beruhen, wie eine sothane [solche] Conservation und Anbau des Holtzes anzustellen, daß es eine continuirliche beständige und nachhaltende Nutzung gebe, weiln es eine unentberliche Sache ist, ohne welche das Land in seinem Esse [Sein] nicht bleiben mag.*»

Die Zielsetzung seiner Erörterung ist klar: Es geht darum sicherzustellen, dass Jahr für Jahr eine bestimmte Holzmenge geerntet werden kann, ohne zu befürchten, dass plötzlich der Wald aufgebraucht ist. Ursprünglich war Nachhaltigkeit also ein primär wirtschaftliches Prinzip zur dauerhaften Sicherung kontinuierlicher Holzlieferungen für die darauf angewiesene Gesellschaft.

2.3 KAHLSCHLAGWIRTSCHAFT UND DER ALTERSKLASSENWALD

Basierend auf derselben Zielsetzung erarbeitete Johann Christian Hundeshagen zu Beginn des 19. Jahrhunderts ein erstes formalisiertes Bewirtschaftungskonzept. Während seiner Lehrtätigkeit an der Universität Tübingen verfasste Hundeshagen verschiedene wegweisende Schriften wie die *Encyclopädie der Forstwissenschaft* (1821–1831) und *Die Forstabschätzung auf neuen wissenschaftlichen Grundlagen* (1826), ein Werk, das bis heute als Grundlage der Forststatistik gilt. Mit seinem **Normalwaldmodell** erstellte Hundeshagen erstmals einen Leitfaden für die nachhaltige Holz-

Abb. 2.1 Rodung in rund 80-jähriger Fichtenmonokultur bei Kloten (ZH) im Jahr 1946.
Bild: Werner Nägeli | NAE_06846 | © WSL

produktion von der Forsteinrichtung, die wir heute als Waldplanung bezeichnen, bis zur Ernte.

Die nachhaltige Produktionsleistung des Waldes wird im Normalwaldmodell durch eine gleichförmige Altersklassenverteilung über die gesamte bewirtschaftete Waldfläche erreicht, weshalb diese Wälder auch als **Altersklassenwald** bezeichnet werden. Am Anfang steht wie immer eine definierte Zielsetzung: die kontinuierliche und nachhaltige Produktion von Bau- und Brennholz gewisser Dimensionen (Zieldurchmesser). Um diese Dimensionen zu erreichen, braucht ein Baum eine gewisse Zeit. Der Zeitraum vom Anwachsen des Sämlings bis zur Ernte wird als **Umtriebszeit** bezeichnet. Ist die Umtriebszeit bekannt, wird die bewirtschaftete Fläche in ebenso viele Teile aufgeteilt, wie die Umtriebszeit lang ist. So kann Jahr für Jahr eine dieser Teilflächen geerntet und wiederbestockt werden, ohne die Waldfläche insgesamt zu verkleinern oder den Wald zu übernutzen.

Die eigentliche Waldbewirtschaftung bestand zunächst hauptsächlich darin, die erntereifen Bestände komplett zu nutzen (**Kahlschlag**) und darauf die neue Baumgeneration zu pflanzen, die dann bis zur Ernte weitgehend sich selbst überlassen wurde. Da die Bäume innerhalb eines Bestands gleich alt sind, entstehen durch die natürliche Wuchsdynamik geschlossene Wälder mit einer einzigen durchgehenden Kronenschicht. Der Altersklassenwald wird auch als schlagweiser, flächig verjüngter oder gleichförmiger Wald bezeichnet.

2.4 FRÜHE GEGENBEWEGUNG: NATURNAHER WALDBAU

Im Laufe des 19. Jahrhunderts wurde der Begriff der Nachhaltigkeit über die reine Massennachhaltigkeit hinaus erweitert. Karl Gayers Werk *Der Waldbau* (1880) war lange Zeit ein Standardwerk der Forstliteratur. Gayer unterstrich darin die Vorteile von Mischwäldern und der natürlichen Verjüngung für die Bewahrung der Standortqualität. Damit erweiterte er den forstlichen Begriff von Nachhaltigkeit erstmals um eine ökologische Dimension.

> Gayer schreibt: «*Nachhalt. Es gehört nothwendig zum Begriff des forstwirthschaftlichen Betriebes, daß er seine Produktion für alle, oder doch wenigstens für sehr lange Zeit auf der selben Stelle bethätigt. Soll dieses möglich werden, und von Waldgeneration zu Waldgeneration die Produktion weder in quantitativer noch in qualitativer Beziehung eine Abnahme erfahren, so setzt dieses eine gleichmäßige Bewahrung der Produktionsmittel und eine haushälterische Benutzung derselben voraus; und hierin allein ist das echte Nachhaltsprinzip, dem die Holzzucht bestmöglich zu genügen hat, zu suchen.*»

Hier geht es also nicht mehr nur um die kontinuierliche Holzproduktion, sondern darum, die Ertragsfähigkeit des Bodens dauerhaft zu erhalten. Gayers Überlegungen zur natürlichen Baumartenzusammensetzung und der Fokus auf die natürliche Waldverjüngung (im Gegensatz zur Pflanzung) waren wegweisend für die Waldbewirtschaftung und sind bis heute wichtige Grundsätze des naturnahen Waldbaus.

2.5 DIE PLENTERUNG UND IHRE FORMEN

Der ursprüngliche Begriff **Plenterung** stammt vermutlich aus der gemeinschaftlichen Waldnutzung. Solche öffentlichen Wälder (Allmenden) wurden oftmals ungeregelt genutzt, da Bäume einzelstammweise gefällt werden durften. Die hohe Nutzungsintensität während des Holzhungers im Mittelalter und in der Neuzeit sowie die zunehmende Übernutzung führte zur Bezeichnung Plünderwälder – ein Begriff, der damals zum Teil synonym zum Plenterwald gebraucht wurde.

Unter privaten Besitzverhältnissen entwickelte sich in der Schweiz jedoch auch eine frühe Form der geregelten Plenterung mit dem Zweck der nachhaltigen Selbstversorgung mit Holz. Das Konzept entspricht einer intuitiven Auslegung des Altersklassenprinzips auf kleiner Fläche: Will sich ein Haushalt nachhaltig mit Holz aus dem eigenen Wald versorgen, müssen auf dieser Fläche gleichzeitig Bäume aller Dimensionen vorkommen, damit Jahr für Jahr erntereife Bäume in der gewünschten Dimension zur Verfügung stehen. Insbesondere im Emmental hat die kleinbäuerliche Plenterung eine lange Tradition und wird vielerorts bis heute weitergeführt.

Im heutigen Sinne bezeichnet der **Plenterwald** einen bewirtschafteten Hochwald, der stetig verjüngt wird, wodurch Bäume aller Grössen kleinstflächig vermischt vorkommen. Im Plenterwald werden anstatt ganzer Bestände nur einzelne Bäume geerntet,

Abb. 2.2 Verjüngung von Schattenbaumarten (Buche, Tanne, Fichte) in kleinen Lücken in den Plenterwäldern von Couvet, Herbst 2024. Bild: Julian Muhmenthaler

woraus eine stetige, ungleichförmige Struktur ohne durchgehende Kronenschicht entsteht.

In den entstehenden kleinen Lücken verjüngen sich vorwiegend schattentolerante Baumarten wie Tannen und Fichten – in tieferen Lagen besonders die Buche. Mischungen aus diesen Baumarten sind typisch für die Plenterwälder im Kanton Neuenburg und im Emmental.

2.5.1 Geregelte Plenterung

Henry Biolley, der 1881 seinen Dienst als Forstinspektor des Forstkreises Val-de-Travers im Kanton Neuenburg antrat, war überzeugter Anhänger des naturnahen Waldbaus und beobachtete die gängige Kahlschlagwirtschaft skeptisch. Die von ihm als schematisch und naturfern betrachtete Waldbewirtschaftung wurde in seinen Augen der natürlichen Dynamik des Waldes und den Ansprüchen der Menschen nicht gerecht.

Zu jener Zeit existierte jedoch noch keine Einrichtungsmethode, die auf natürliche Wälder, die vorwiegend gemischt waren und eine ungleichförmige Struktur aufwiesen, anwendbar war. Die Lösung fand er in einem Vortrag des französischen Forstwissenschaftlers Adolphe Gurnaud, der 1879 anlässlich der Weltausstellung in Paris seine neu entwickelte Methode vorstellte: **die Kontrollmethode.**

Gurnaud hatte erkannt, dass die Nachhaltigkeit der Holzproduktion auch ohne klar abgrenzbare Bestände und Altersklassen überprüft werden kann. Anstatt wie im Altersklassenwald die Ernte über die Flächenanteile zu steuern, wird die Nutzungsmenge dabei anhand des Holzzuwachses bestimmt. Aufgrund der variierenden Lichtbedingungen kann es im Plenterwald vorkommen, dass ähnlich dicke Bäume sehr unterschiedlich alt sind. Da für die Holznutzung jedoch vor allem die Dimension der Bäume ausschlaggebend ist, kann die Nachhaltigkeit des Waldaufbaus im Plenterwald anhand der **Durchmesserverteilung** der Bäume beurteilt werden.

Kurze Zeit später begann Biolley damit, weite Teile seines Forstkreises aus dem Altersklassenwald in die geregelte Plenterung zu überführen. Um die Kontrollmethode anwenden zu können, führte er flächendeckende Waldinventuren, sogenannte Vollkluppierungen, ein, bei denen periodisch der Durchmesser aller Bäume aufgenommen wird, die über dem festgelegten Mindestdurchmesser (= Kluppschwelle) liegen. Weite Teile der Waldflächen des Kantons Neuenburg werden bis heute in dem vor über 100 Jahren von Biolley eingeführten Plenterbetrieb bewirtschaftet und mittels Vollkluppierung auf ihre Nachhaltigkeit überprüft.

2.5.2 Der Dauerwaldgedanke

Wenig später, zu Beginn des 20. Jahrhunderts, beschrieb der deutsche Forstwissenschaftler Alfred Möller den Dauerwaldgedanken. In seinem Werk *Der Dauerwaldgedanke* (1922) formulierte Möller nicht nur eine alternative Bewirtschaftungsstrategie, sondern auch eine neue Betrachtungsweise. Möller fasste den Wald in seiner Gesamtheit als Organismus auf, den es zu pflegen und zu schützen gilt.

Um den Wald dauerhaft als Produktionssystem zu erhalten, definierte Möller fünf Teilziele, die es bei der Bewirtschaftung zu beachten gilt. Das oberste Ziel (1) ist dabei die Stetigkeit der Wachstumsbedingungen. Um plötzliche Veränderungen der Umweltbedingungen im Wald zu vermeiden, forderte Möller einen vollständigen Verzicht auf Kahlschläge. Weitere Ziele sind die Erhaltung der Bodengesundheit (2), die Baumartenmischung (im Gegensatz zur damals weitverbreiteten Monokultur), die Ungleichaltrigkeit (4) und die Erhaltung eines zur Wertholzerzeugung genügenden lebenden Holzvorrats (5).

Möllers Teilziele entsprechen weitgehend den Prinzipien der geregelten Plenterung, die wenige Jahre zuvor Henry Biolley im Kanton Neuenburg einführte. Ob und wie sich diese Zeitgenossen gegenseitig in ihrem Schaffen beeinflusst haben, ist leider nicht bekannt.

Im heutigen Verständnis dient der Begriff **Dauerwald** als Überbegriff für alle kleinflächig beziehungsweise diffus verjüngten, also ungleichförmigen Wälder. Der Plenterwald bezeichnet demnach eine Sonderform des Dauerwalds, bei dem die Holznutzung ausschliesslich einzelbaumweise stattfindet, häufig in Wäldern mit einem hohen Nadelholzanteil.

Abb. 2.3 Mosaikartiger Dauerwald in den Wäldern von Boudry. Unter den vor gut 100 Jahren gepflanzten Douglasien entwickelt sich eine natürliche Buchenverjüngung.
Bild: Peter Zürcher und Manuel Kurt | HAFL | © martelage.sylvotheque

Auch in der Schweiz wird die Waldbewirtschaftung nach den Prinzipien des Dauerwalds vor allem von der Praxis und nicht von der Lehre getragen. Die Begeisterung für den Dauerwald verbreitete sich dann ab den 1990er-Jahren vor allem in der Deutschschweiz. Interessanterweise gibt es im Kanton Zug im Tannen-Buchenwald-Areal auch klassische Plenterwälder. Dies mag vielleicht erklären, warum die Prinzipien der Plenterung dort schon früh auf die Laubwälder tieferer Lagen übertragen wurden, im Gegensatz zur Plenterung im Kanton Neuenburg, die sich lange hauptsächlich auf nadelholzdominierte Bestände konzentrierte. Seit einigen Jahrzehnten erlebt das Dauerwaldkonzept ein Comeback und wird sowohl in der Schweiz als auch im Ausland zunehmend populär.

2.5.3 Beispiel Boudry

Seit der Schaffenszeit von Henry Biolley werden viele Wälder im Kanton Neuchâtel nach den Grundsätzen der geregelten Plenterung bewirtschaftet. Im Dezember 1911 wurden zudem grosse Teile der bestehenden Fichtenplantagen am Fusse der Montagne

Abb. 2.4 Sturmfläche am Fusse der Montagne de Boudry nach dem Wintersturm im Dezember 1911. Viele der instabilen fichtendominierten Bestände wurden komplett zerstört. Aufnahme im Juni 1912. Bild: Gemeindearchiv Boudry

Abb. 2.5 Wald am Fusse der Montagne de Boudry, rund 100 Jahre nach dem Wintersturm von 1911. Heute stockt hier ein weiterhin produktiver, aber arten- und strukturreicher Wald. Aufnahme im Herbst 2007. Bild: Pascal Junod

de Boudry von einem Orkan verwüstet. Allein auf der Gemeindefläche von Boudry wurden infolge dieses Wintersturms über 10 000 Kubikmeter Schadholz geerntet.

Die entstandenen Blössen wurden zunächst mit verschiedenen Nadelhölzern wie Lärchen und Douglasien bepflanzt – mit wechselhaftem Erfolg. Dazu gesellte sich die natürliche Verjüngung, mit der sich auch verschiedene Laubbaumarten etablieren konnten. Mit der Zeit hat sich auch hier die Zielsetzung von der reinen Holzproduktion, wie sie zu Beginn des 20. Jahrhunderts verfolgt worden war, zur Bereitstellung vielfältiger Waldleistungen verschoben. Mit zunehmender Beachtung der Naturnähe wurden zudem immer öfter auch die natürlich nachgewachsenen Laubhölzer gefördert.

Mithilfe feinfühliger Waldbewirtschaftung und -pflege und einer Kombination verschiedener Verjüngungsmethoden (siehe Kapitel 6.6) ist es über die rund 110 Jahre seit dem verheerenden Wintersturm von 1911 gelungen, die damals einschichtigen, instabilen und fichtendominierten Bestände in vielfältige, angepasste Bestände zu verwandeln.

Heute werden die Wälder in Boudry nach den Prinzipien des mosaikartigen Waldbaus bewirtschaftet, mit dem Ziel, möglichst vielfältige und klimaresistente Waldbestände zu erhalten.

2.6 ZWEI STRÖMUNGEN ENTWICKELN SICH

Die unterschiedlichen Ansätze des Altersklassenwalds und des Dauerwalds haben zu zwei Waldbauschulen geführt, die bis heute existieren und unabhängig voneinander weiterentwickelt wurden. Im Sprachgebrauch wird üblicherweise zwischen gleichförmigen Wäldern (Altersklassenwald), in denen einschichtige, gleichaltrige Bestände dominieren, und ungleichförmigen Wäldern (Dauerwald), in denen kleinflächig Bäume unterschiedlichen Alters und verschiedener Grösse vorkommen, unterschieden.

Die Gleichförmigkeit bezieht sich dabei ausschliesslich auf die vertikale Struktur des Waldes. Da innerhalb eines Bestands im Altersklassenwald alle Bäume gleich alt sind, sind sie auch etwa gleich hoch. Das Adjektiv gleichförmig ruft jedoch oft Bilder von kargen Monokulturen ins Bewusstsein, die der möglichen Vielfalt in «gleichförmigen» Beständen nicht gerecht werden. Grundsätzlich unterscheiden sich die zwei Ansätze insbesondere bezüglich der Ausdehnung und Verteilung der waldbaulichen Eingriffe: Im flächig verjüngten Wald werden die waldbaulichen Eingriffe innerhalb eines gleichaltrigen Bestands konzentriert – im Dauerwald hingegen finden sie diffus über die Fläche verteilt statt.

Ausserdem gibt es im gleichförmigen Wald eine klare Generationenablösung, die mit einer temporären Reduktion des Holzvorrats einhergeht. Beim Dauerwald hingegen erfolgt die Verjüngung aufgrund regelmässiger, aber eher schwacher Eingriffe kontinuierlich und der Holzvorrat bleibt über die Zeit mehr oder weniger konstant.

Damit wird auch klar, dass es sich bei den zwei Waldbauschulen nicht um klar abgrenzbare Konzepte handelt, sondern vielmehr um die Extreme eines Gradienten. Die

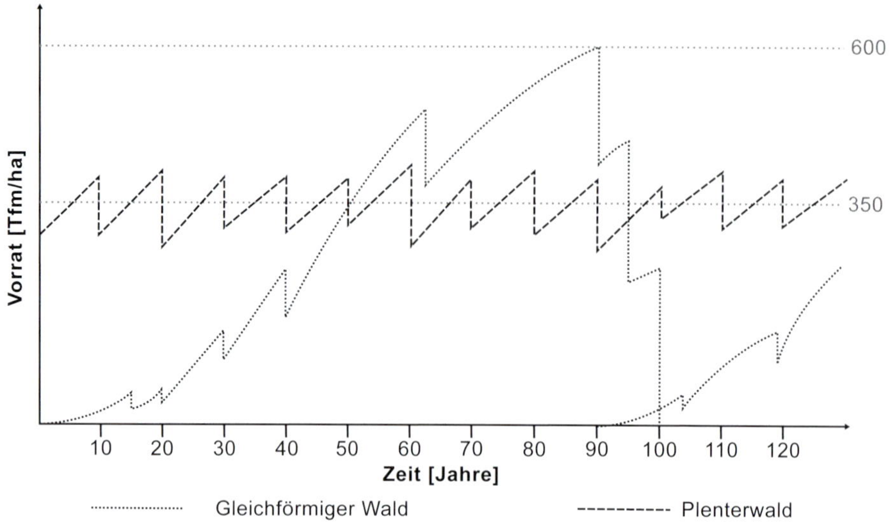

Abb. 2.6 Entwicklung des Holzvorrats unter Bewirtschaftung in gleichförmigen und ungleichförmigen Wäldern. Im Gegensatz zum ungleichförmigen Wald gibt es im gleichförmigen Wald eine klare Ablösung der Baumgenerationen. Nach: Schütz, 2002

Plenterung entspricht dabei der Bewirtschaftung mit der kleinstmöglichen Eingriffsfläche, nämlich einzelbaumweise. Auf der anderen Seite des Spektrums steht der Altersklassenwald, bei dem sich relativ intensive Eingriffe über grosse Flächen erstrecken können.

Sowohl im gleichförmigen als auch im ungleichförmigen Hochwald haben sich die Bewirtschaftungskonzepte mit zunehmendem Verständnis über die Wachstumsprozesse und den neu verfügbaren Technologien zu den heute gebräuchlichen Formen weiterentwickelt, die in Kapitel 6 vertieft werden.

2.7 GESCHICHTE DER BESTANDSBEHANDLUNG

Mit den gesellschaftlichen und technologischen Entwicklungen hat sich nicht nur die Art der Waldverjüngung, sondern auch die Bestandsbehandlung im Laufe der Zeit stark verändert. Die **Durchforstung** ist eine waldbauliche Massnahme, bei der gezielt Bäume entfernt werden, um das Wachstum und die Stabilität der im Bestand verbleibenden Bäume zu fördern. Ein kurzer geschichtlicher Überblick über die wichtigsten Durchforstungsmethoden im Altersklassenwald erlaubt es, die Entwicklung des Waldbaus nachzuvollziehen und die heute vorherrschenden Bewirtschaftungsansätze besser zu verstehen.

Die Waldpflege begann mit der **Niederdurchforstung.** Diese Methode wurde gegen Ende des 18. Jahrhunderts in Deutschland entwickelt. Zu jener Zeit ging man davon aus, dass dichtere Waldbestände am meisten Holz produzieren. Bei der Niederdurchforstung wurden vorwiegend schwachwüchsige (niedrige) Bäume entnommen, bevor sie natürlicherweise aufgrund des Lichtmangels unter der Hauptschicht abgestorben wären. Die Durchforstungsmethode entstand aus den Rahmenbedingungen der Zeit. Der hohe Nutzungsdruck auf den Wald durch die grosse Nachfrage nach Holz und die limitierten Transportmöglichkeiten führten zu einer **Nichts-verschwenden-Mentalität,** bei der jegliches nicht genutzte Holz als Verlust betrachtet wurde. Diese Haltung wurde durch die hohen Holzpreise und die günstig verfügbare Arbeitskraft jener Zeit begünstigt.

Die **Hochdurchforstung** wurde im 19. Jahrhundert in Dänemark entwickelt. Die Analyse von Jahrringen in Eichen- und Buchenbeständen hatte gezeigt, dass die Freistellung der Kronen zu einem erhöhten Durchmesserzuwachs der geförderten Bäume führte. Zentral war dabei die Erkenntnis, dass der Zuwachsverlust durch die Entnahme eines Anteils der Bäume schnell vom verbleibenden Bestand kompensiert wird. Mit der Hochdurchforstung kann also bereits während der Bestandsentwicklung eine gewisse Holzmenge produziert werden, ohne die durchschnittliche Zuwachsleistung zu reduzieren. Auf diese Weise kann die Gesamtproduktivität über die Lebenszeit eines Bestands erhöht werden.

Im Gegensatz zur Niederdurchforstung werden die wenig entwicklungsfähigen Bäume stehen gelassen und die Eingriffe konzentrieren sich auf die sogenannte Hauptschicht, also die hohen Bäume, wo sich die Kronen der dominanten Bäume gegenseitig konkurrenzieren. Zu entnehmende Bäume sollten dabei möglichst gleichmässig verteilt sein, damit alle verbleibenden Bäume gleichermassen davon profitieren.

Das Prinzip der **negativen Auslese,** wie es bei der traditionellen Nieder- und Hochdurchforstung angewandt wurde, hatte zum Ziel, schlecht geformte Stämme, Bäume ohne Zukunft oder Bäume mit negativem Einfluss auf den Restbestand zu entfernen. Das Adjektiv negativ stammt daher, dass sich die Eingriffe auf Bäume mit negativen Eigenschaften fokussieren («Jagd auf die schwachen und hässlichen Bäume»).

Mit der **Auslesedurchforstung** schlug Professor Schädelin, der in den 1920er- und 1930er-Jahren an der ETH Zürich tätig war, erstmals eine Durchforstungsmethode vor, die neben dem Holzzuwachs auch die Qualität des erzeugten Holzes berücksichtigt. Diese sogenannte **positive Auslese** verfolgt dabei das Ziel, Bäume mit hohem Wertschöpfungspotenzial (**= Auslesebäume**) zu begünstigen, indem ihre direkten Konkurrenten entfernt werden. Das Adjektiv positiv bezieht sich also darauf, dass die Eingriffe die Individuen mit positiven Eigenschaften (Qualität, Vitalität) im Blick haben. Im Gegensatz zur negativen Auslese, die sich darauf konzentriert, welche Bäume entnommen werden sollen, fokussiert die positive Auslese auf Bäume, die im Bestand verbleiben und gefördert werden sollen.

Die Eingriffe dienen also der Förderung von Bäumen, die eine gute Wuchsform und Stammqualität aufweisen. Bei jedem Durchgang wird die Stammqualität erneut beurteilt und die Auslesebäume neu bestimmt. Mit zunehmendem Bestandsalter wird die

Anzahl der Auslesebäume reduziert, bis die gewünschte Anzahl Bäume erreicht ist, die bis zum Erreichen des Zieldurchmessers im Bestand bleiben sollen. Lange Zeit wurden die Auslesebäume primär anhand der Qualität ausgewählt (langer, gerader Schaft, feine Äste usw.), mit dem Ziel, einen möglichst hohen Verkaufserlös zu erzielen («Suche nach den schönen Bäumen»).

Die Auslesedurchforstung nach Schädelin wurde von seinem Nachfolger Leibundgut weitgehend übernommen und propagiert. Bis vor wenigen Jahrzehnten nahm sie in der Schweiz, aber auch im benachbarten Ausland, eine zentrale Rolle in der Waldbewirtschaftung ein.

Die Realität lehrt jedoch auch, dass Eingriffe, die der Vitalität (siehe Kapitel 3.3) zu wenig Rechnung tragen, ökonomisch uninteressant sind: Bäume zu fördern, die sich nicht aus eigener Kraft durchsetzen können, erfordert regelmässige und kostspielige Eingriffe. Im schlimmsten Fall wird das Holz aufgrund des fortgeschrittenen Alters entwertet (Verfärbung, Fäule usw.), bevor der Zieldurchmesser erreicht wird. Vitale Bäume haben einen grösseren Zuwachs, erreichen den Zieldurchmesser schneller und sind widerstandsfähiger gegenüber Störungen. Entsprechend ist eine Auslese nach der Vitalität auch ökonomisch sinnvoll.

Die positive Auslese, wie sie von Schädelin praktiziert wurde, ist besonders wirkungsvoll, da sich die Investitionen auf eine limitierte Anzahl an Bäumen mit hohem Wertleistungspotenzial beschränken (Prinzip der Wertkonzentration). Die positive Auslese kann jedoch erst dann angewandt werden, wenn die individuellen Eigenschaften der Bäume erkennbar werden.

Gegen Ende des 20. Jahrhunderts entwickelte der Forstwissenschaftler Abetz die **Z-Baum-Durchforstung,** die er im Jahr 1975 erstmals publizierte. Diese Methode entspricht einer Weiterentwicklung der Ideen seiner Vorgänger. Abetz hatte beobachtet, dass durch die Neuauswahl der Auslesebäume bei jedem Durchgang zum Teil Bäume entnommen wurden, die in vorherigen Durchgängen gefördert worden waren. Um diese ineffiziente Investition zu vermeiden, schlug er deshalb vor, von Beginn an nur diejenigen Bäume zu fördern, die bis zum Erreichen des Zieldurchmessers im Bestand bleiben sollten. Diese sogenannten Zukunftsbäume (Z-Bäume) werden ein einziges Mal, im Endabstand, bestimmt und waldbauliche Eingriffe werden ausschliesslich zugunsten ebendieser Z-Bäume ausgeführt. Der Endabstand wird entsprechend des Platzbedarfs der vorkommenden Baumarten festgelegt, um die bestmögliche Raumausnutzung zu ermöglichen (siehe Kapitel 6).

Die gewählte Anzahl Z-Bäume pro Hektare und damit der Endabstand zwischen den Z-Bäumen hat einen grossen Einfluss auf die Bewirtschaftung. Aus einer hohen Anzahl Z-Bäume ergeben sich kleine Endabstände. Dementsprechend haben die Z-Bäume durchschnittlich kleinere Kronen und damit auch eine geringere individuelle Zuwachsleistung. Dies wiederum erhöht die Umtriebszeit (Zeit bis zum Erreichen des Zieldurchmessers) und damit das Produktionsrisiko. Auf der anderen Seite führt der starke Seitendruck durch die umliegenden Bäume zu einer besseren Erziehung der

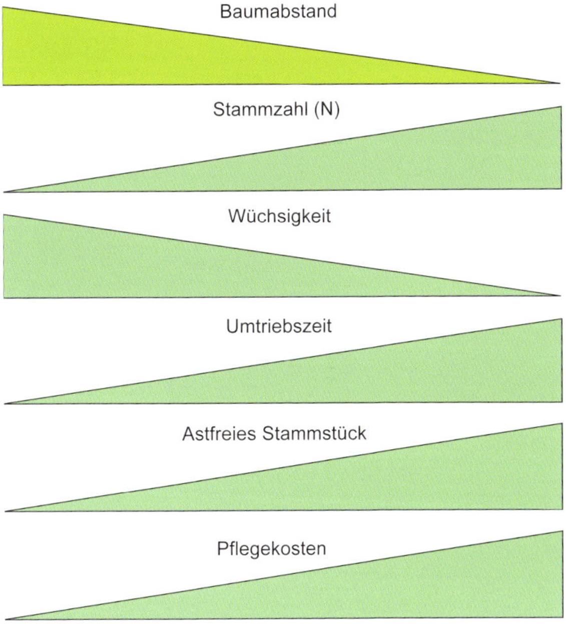

Abb. 2.7 Beziehungen zwischen Endabstand, Stammzahl, Zuwachs, Umtriebszeit und astfreier Länge des Stammstücks. Wo sich im Einzelfall das Optimum befindet, hängt von der Zielsetzung und den sozioökonomischen Rahmenbedingungen ab.

Z-Bäume und damit zu längeren astfreien Stammstücken, was sich positiv auf die Holzqualität auswirkt.

Die Z-Baum-Durchforstung spiegelt auch die Veränderung der wirtschaftlichen Rahmenbedingungen der damaligen Zeit wider. Abetz reagierte mit seinem Konzept insbesondere auf den steigenden wirtschaftlichen Druck auf die Waldbewirtschaftung. Der zunehmende Ersatz von Holz zur Wärmeerzeugung durch Öl und Gas sowie weit verbreiteter Einsatz von Beton im Bauwesen führten zu sinkender Nachfrage nach Holz. Gepaart mit der zunehmenden Bedeutung des internationalen Holzhandels hatte dies einen regelrechten Preiszerfall zur Folge. Im gleichen Zeitraum waren jedoch die Anforderungen an den Waldbau sowie die Personalkosten in der Schweiz stark gestiegen. Die finanziellen Schwierigkeiten der Waldbewirtschaftung wurden ab den 1980er-Jahren offensichtlich und viele Betriebe rutschten in die roten Zahlen.

Abetz versuchte also nicht nur, den Ertrag zu steigern, sondern vor allem die Investitionen, die zur Erzeugung nötig sind, zu reduzieren. Primär sollten unrentable Investitionen vermieden werden.

In den letzten Jahrzehnten wurden die Methoden zur heute praktizierten Form, die **situative Z-Baum-Durchforstung,** weiterentwickelt. Sie basiert auf den Prinzipien der Wertkonzentration und der biologischen Rationalisierung (siehe Kapitel 6.3). Anstatt eines bestandsbezogenen hat sie einen baumbezogenen Waldbau zum Ziel. Entsprechend soll nicht eine maximale Anzahl Z-Bäume, wie sie aufgrund geometrischer Anordnung auf einer gegebenen Fläche Platz finden würden, sondern einzig die Bäume

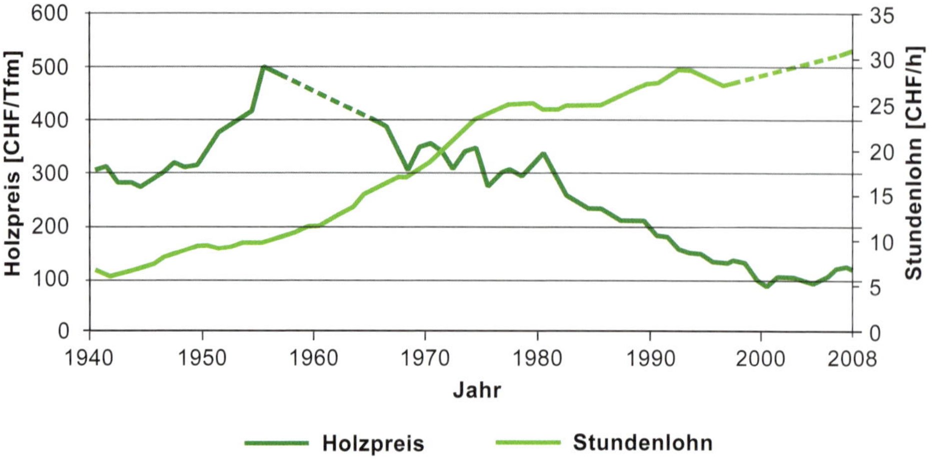

Abb. 2.8 Entwicklung des Holzpreises und des realen Stundenlohns zwischen 1940 und 2008. Während der Reallohn um mehr als Faktor 6 gestiegen ist, ist der Holzpreis um etwa zwei Drittel gefallen. Nach: Nellen, 2011, und Hess, 2011

gefördert werden, die über ein genügendes hohes natürliches Potenzial (Vitalität, Wertentwicklung usw.) verfügen.

Das Adjektiv situativ bezieht sich darauf, dass die Z-Bäume gelöst vom geometrischen Korsett der optimalen Raumausnutzung und ausschliesslich aufgrund ihrer natürlichen Eigenschaften ausgewählt werden. Ausserdem wird die Intensität der Durchforstung an den Charakter und die Vitalität der behandelten Bäume situativ angepasst. Die Zahl der zu entnehmenden Konkurrenten kann also innerhalb eines Bestands von einem Z-Baum zum anderen stark schwanken.

Die übrigen Bäume (Füllbestand) sollen einerseits den Z-Bäumen (Hauptbestand) dienen, indem sie deren Schäfte schützen (zum Beispiel gegen die Bildung von Klebästen). Andererseits wächst im Füllbestand auch Holz geringerer Qualität, das aufgrund der minimalen Investitionen dennoch kostendeckend genutzt werden kann.

2.8 TECHNOLOGISCHER FORTSCHRITT UND HOLZERNTEVERFAHREN

Zuletzt war auch der technologische Fortschritt in Zusammenhang mit der Holzernte wichtiger Treiber der Veränderungen in der Waldbewirtschaftung. Die Niederwaldbewirtschaftung mit geringen Zieldimensionen und kurzen Umtriebszeiten eignete sich ideal für die Brennholz- und die Pfostenproduktion mit einfachem Werkzeug wie Äxten und Handsägen. Seitdem haben sich die Bedingungen stark verändert. Bei der Holzernte wurden die ursprünglichen Werkzeuge zunächst weitgehend von der Motorsäge abgelöst, die heute zunehmend durch Erntemaschinen (Harvester) ersetzt werden.

Auch die Möglichkeiten zum Holztransport innerhalb des Waldes, dem sogenannten Rücken, haben sich vervielfältigt. Wo früher das Holz entweder vor Ort klein geschnitten oder mit Pferden beziehungsweise Schlitten einzelstammweise aus dem Wald gezogen wurde, werden heutzutage Seilwinden oder Seilkräne verwendet, um die Stämme auf die Waldstrasse zu ziehen. Im nicht befahrbaren Gelände im Gebirge macht der Seilkran den Holztransport (und damit die Holznutzung) überhaupt erst möglich. Die alten Verfahren entsprechen nicht den heutigen Ansprüchen an die Sicherheit der Waldarbeitenden. Im befahrbaren Gelände wird das Rücken vielfach von Schleppern (Ziehen) oder Forwardern (Tragen) erledigt. Diese Mechanisierung hat sich sprungweise verändert. So kamen in der Schweiz vollmechanisierte Verfahren mit Harvestern und Forwardern erstmals nach dem Wintersturm Lothar zur Bewältigung des ausserordentlich grossen Holzanfalls grossflächig zum Einsatz.

Ist ein Gelände nicht befahrbar und zudem für Seillinien ungeeignet oder sind kleinflächige Eingriffe, für die es sich nicht alleine lohnt, eine Seillinie zu legen, erforderlich, bleibt nur der Helikopter, um das Holz abzutransportieren. Die resultierenden Kosten sind jedoch enorm. Der Transport per Helikopter sollte aus diesem Grund nur im Notfall – wenn die Schutzwirkung des Waldes oder die Sicherheit von Waldbesuchenden durch das liegende Holz beeinträchtigt wird – erwogen werden.

2.9 FAZIT ZUR GESCHICHTE DER WALDBEWIRTSCHAFTUNG

Die Waldbewirtschaftung richtete sich stets nach den Bedürfnissen und den Möglichkeiten der Zeit. Da sich aber selbst kurze Umtriebszeiten über mehrere Generationen erstrecken, hinkt der Waldzustand der Bewirtschaftungspraxis immer weit hinterher. Heutige Waldbewirtschaftende müssen in und mit Wäldern arbeiten, die vor vielen Jahrzehnten begründet wurden. Sie wurden oft künstlich gepflanzt, vielfach rein mit Fichte – unabhängig vom Standortstyp. Diese Bestände sind heute besonders anfällig für Borkenkäferbefall und Sturmschäden.

Über die letzten 60 Jahre hat ausserdem die Wirtschaftlichkeit der Waldbewirtschaftung zunehmend abgenommen. Der markante Preiszerfall beim Rundholz, die stark gestiegenen Personalkosten, höhere Ansprüche an die Naturnähe und die Sicherheit usw. machen vielerorts eine kostendeckende Waldbewirtschaftung unmöglich.

Der Wald leistet weit mehr als nur Holzprodukte – am meisten jedoch, wenn er gezielt bewirtschaftet und gepflegt wird. Damit diese Waldleistungen auch in Zukunft sichergestellt werden können, müssen Waldbewirtschaftung und -pflege finanziell unterstützt werden, sei es durch die öffentliche Hand oder die konsequente Vergütung weiterer Waldleistungen.

Abb. 2.9 Vogelbeerverjüngung auf Moderholz unter dem Gäggerstäg im Gantrisch-Gebiet (BE). Diese ehemaligen Fichtenkulturen wurden vom Wintersturm Lothar verwüstet. Die natürliche Verjüngung ist stark laubholzdominiert. Bild: Julian Muhmenthaler

3 Grundlagen

Arvenverjüngung im subalpinen Wald bei Zernez (GR), 2024. Bild: LFI/WSL

Um den Wald zu verstehen und die Waldbewirtschaftung sinnvoll und effizient zu gestalten, braucht es eine Vielzahl an Überlegungen zum Zustand und zur Zielsetzung der behandelten Wälder. Ein gemeinsames Verständnis gewisser Begriffe und Konzepte ist deshalb zentral für den Dialog über die Zukunft der Schweizer Wälder und deren Bewirtschaftung.

3.1 ABSTRAKTIONEN UND MODELLE

In seiner Gesamtheit ist der Wald viel zu komplex, um vollständig beschrieben zu werden. Wir bedienen uns deshalb der Abstraktion, um die wichtigsten Eigenschaften der betrachteten Wälder hervorzuheben und damit eine gemeinsame Vorstellung zu ermöglichen. Mein Vorgänger als Fachlehrer für Waldbau am Bildungszentrum Wald Lyss, Jaques Doutaz, schlägt dazu folgende Analogie vor:

> *«In der unten dargestellten Skizze erkennen alle sofort ein Schloss beziehungsweise eine Burg; auch wenn in der Realität kein Schloss wirklich so aussieht. Die Abstraktion zeigt allerdings genügend charakteristische Eigenschaften dieses Bauwerktyps, um ein aussagekräftiges und unmissverständliches Sinnbild auszulösen. Es ist keine Verwechslung mit einer Kirche, einer Fabrik oder einem Bauernhof möglich.»*

Abb. 3.1 Abstraktion/Modell einer Burg. Nach: Jaques Doutaz

Erst die Abstraktion ermöglicht es uns, komplexe Prozesse und Sachverhalte zu vereinfachen und somit zu verarbeiten. Solche sogenannten mentalen Modelle bilden die Grundlage aller menschlichen Entscheidungen. Die grundlegenden Begriffe und Abstraktionen, die wir für einen informierten Dialog über den Wald und seine Bewirtschaftung brauchen, werden nachfolgend anhand des Planungsprozesses für einen Waldbestand eingeführt.

3.2 PLANUNGSPROZESS IN SECHS SCHRITTEN

Da sich die Wachstumsdynamik mit den Umweltbedingungen verändert und sich die sozioökonomischen Rahmenbedingungen von Fall zu Fall unterscheiden, braucht es für jede behandelte Waldfläche ein individuelles Bewirtschaftungskonzept. Ein solch vielschichtiger Entscheidungsprozess erfordert eine strukturierte Herangehensweise.

In diesem Kapitel wird ein Planungsansatz in sechs Schritten vorgestellt und dabei eine Vielzahl von Begriffen und Konzepten eingeführt, die das Verständnis für die Waldbewirtschaftung fördern.

Zunächst werden die Umweltbedingungen am Standort (1) und der aktuelle Zustand des Waldes sowie dessen Bewirtschaftungsgeschichte beurteilt (2). In einem nächsten Schritt werden Überlegungen zur natürlichen Entwicklung des Bestands (3) gemacht. Daraus resultiert die Bandbreite an realistischen waldbaulichen Zielsetzungen. Nachdem die Ziele für die Fläche festgelegt wurden (4), können die waldbaulichen Massnahmen bestimmt werden (5), die nötig sind, um den angepeilten Zielzustand zu erreichen. Im letzten Schritt (6) wird die Wirkung der ausgeführten Eingriffe überprüft und das Vorgehen beim nächsten Durchlauf entsprechend angepasst.

Tabelle 3.1 Überblick über die sechs Schritte der waldbaulichen Planung mit entsprechenden W-Fragen und relevanten Überlegungen

#	Schritt	W-Frage	Überlegungen
1	Umweltbedingungen beurteilen	Wo bist du?	Höhenlage, Exposition, Klima, Boden usw.
2	Ist-Zustand beschreiben inkl. Bestandsgeschichte	Wer bist du? Woher kommst du?	Entwicklungsstufe, Alter, Höhe, Mischung, Vitalität, Stabilität, Qualität usw. Herkunft, frühere Zielsetzung, ausgeführte Arbeiten usw.
3	Natürliche Entwicklung beurteilen	Wohin gehst du?	Entwicklung ohne Eingriffe, Klimawandel
4	Soll-Zustand definieren (waldbauliche Ziele)	Wohin sollst du?	Waldleistungen, Bestockungsziele, Zieldurchmesser, Umtriebszeit
5	Notwendige Massnahmen festlegen	Wie bringe ich dich dorthin?	Festlegen ob und, falls ja, welche Massnahmen ausgeführt werden müssen
6	Kontrollieren	Warum hat es funktioniert? Wie kann ich es beim nächsten Mal besser machen?	Controlling, Dokumentation, Korrekturmechanismen

Dieses Kapitel folgt den sechs Schritten und führt dabei Begriffe und Konzepte ein, die für einen informierten Dialog über die Waldbewirtschaftung hilfreich sind. Lesende, die mit der Terminologie bereits vertraut sind, können die Abschnitte mit gutem Gewissen überfliegen oder die Gelegenheit nutzen, ihren Wortgebrauch aufzufrischen.

3.3 ERSTER SCHRITT: UMWELTBEDINGUNGEN BESTIMMEN

Die ersten Überlegungen zur Waldbewirtschaftung betreffen die Umweltbedingungen am untersuchten Ort, das scheint intuitiv klar. Kaum jemand käme auf die Idee, hoch oben in den Alpen eine Palme zu pflanzen, da wir unbewusst wissen, dass diese dort kaum Überlebenschancen hätte. Doch nicht bei allen Baumarten ist unsere Intuition so eindeutig. Wie also können wir wissen, welche Baumart wo wachsen kann?

3.3.1 Standortfaktoren

Dabei hilft die sogenannte Standortskunde. In diesem Sinne bezeichnet der Standort nicht etwa eine Örtlichkeit oder eine geografische Lokalität, sondern die Gesamtheit der Umwelteinflüsse, denen Pflanzen ausgesetzt sind. Besonders beeinflusst werden die Wachstumsbedingungen durch folgende Standortfaktoren: Klima, Topografie, Boden, natürliche Prozesse sowie biotische Faktoren, zu denen auch der Einfluss des Menschen gezählt wird.

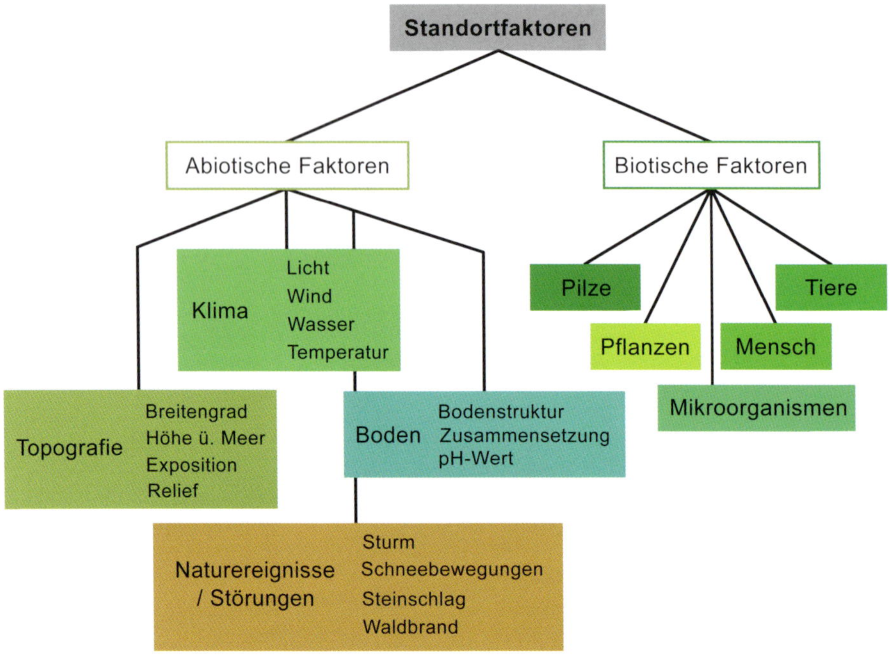

Abb. 3.2 Die Standortfaktoren. Dabei wird oft zwischen abiotischen (physikalischen) und biotischen (lebendigen) Faktoren unterschieden.

Die Temperatur sowie Niederschlagsmenge und -verteilung übers Jahr, aber auch die Sonneneinstrahlung sind wichtige Faktoren für das Pflanzenwachstum. Die Topografie beschreibt die Exposition, das Relief (zum Beispiel Kuppen- und Muldenlagen) sowie die Höhe über Meer der Fläche und beeinflusst dadurch die Klimavariablen. Ein Südhang ist in der Regel mehr Sonneneinstrahlung ausgesetzt und somit wärmer und trockener als der gegenüberliegende Nordhang.

In seiner Bedeutung als Wasserspeicher spielt auch der Boden eine zentrale Rolle. Dabei ist besonders die Bodentiefe (Gründigkeit) von grosser Bedeutung für den Wasserhaushalt eines Waldes. Die Geologie und die damit einhergehenden physikalischen und chemischen Eigenschaften der Böden haben einen erheblichen Einfluss auf die Nährstoffverfügbarkeit und damit das Pflanzenwachstum. Vereinfacht gesagt gibt es Baumarten, die eher saure oder eher basische Böden bevorzugen beziehungsweise mit mehr oder weniger Säure im Boden umgehen können. Edellaubhölzer wie der Ahorn und die Esche bevorzugen basenreiche (= wenig saure) Böden. Andere Baumarten wie die Eiche oder die Föhre können sich hingegen auch auf stark sauren Böden gut entwickeln.

Zudem können auch Naturprozesse wie Stürme, Waldbrände, Steinschlag, Lawinen sowie andere Naturgefahren Einzelbäume oder sogar ganze Waldbestände zerstören und damit die Entwicklungsdynamik des Waldes beeinflussen.

3.3.2 Ökogramme

Um einen einfachen grafischen Überblick über die wichtigsten vorherrschenden Umweltbedingungen zu erhalten, wurden sogenannte Ökogramme entwickelt. Ein Ökogramm ist eine Abstraktion der Standortfaktoren und wird anhand zweier Bodeneigenschaften dargestellt: dem Säuregehalt (von sauer zu basisch) und dem Feuchtigkeitsgehalt (von nass zu dürr) des Bodens.

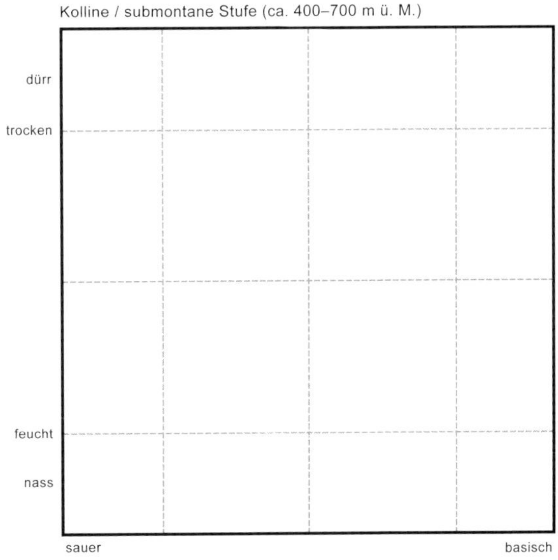

Abb. 3.3 Leeres Ökogramm für die kolline/submontane Höhenstufe. Die zwei Achsen beschreiben die Bodenfeuchtigkeit von nass (unten) bis dürr (oben) sowie den Säuregehalt des Bodens von sauer (links) zu basisch (rechts).

Einige Sonderstandorte, die von spezifischen Naturereignissen geprägt sind, können nicht im Ökogramm dargestellt werden. Dazu gehören insbesondere stark wechselfeuchte Standorte, die zeitweise vernässen oder austrocknen, Auenstandorte, bei denen periodisch Material aus einem Gewässer eingetragen wird, sowie Standorte, die durch starke Bodenbewegungen charakterisiert werden (Blockschutt, Geröll). Diese Standorte werden oft durch zusätzliche Kolonnen an der Seite des regulären Ökogramms dargestellt.

Die zwei Achsen eines Ökogramms erlauben es jedoch nicht, einen weiteren wichtigen Umweltfaktor darzustellen: die Temperatur. Da sowohl die geografische Region als auch die Höhe über Meer einen Einfluss auf die Temperatur haben, werden in der Schweiz **fünf biogeografische Regionen** (Jura, Mittelland, Voralpen, Zentralalpen, Südalpen) und **sieben Höhenstufen** (kollin, submontan, untermontan, obermontan, hochmontan, subalpin, obersubalpin) definiert. Für jede biogeografische Region gibt es somit ein Set an Ökogrammen – für jede vorkommende Höhenstufe eines.

Die Höhenstufen wurden dabei entsprechend den im Naturwald dominierenden Baumarten unterteilt. So ist beispielsweise die untermontane Stufe durch starke Dominanz der Buche charakterisiert – in der subalpinen Stufe hingegen bildet die Fichte auch natürlicherweise ausgedehnte Reinbestände.

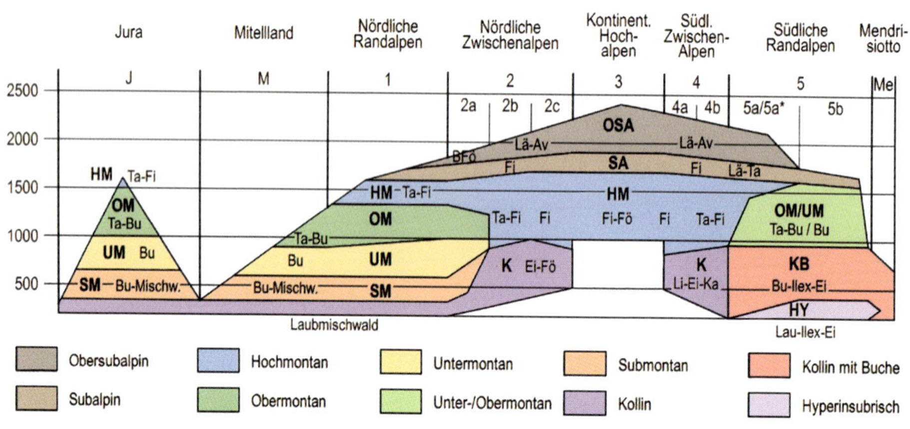

Abb. 3.4 Darstellung der unterschiedlichen Höhenstufen von kollin bis obersubalpin über die verschiedenen biogeografischen Regionen der Schweiz. Aus: Nachhaltigkeit und Erfolgskontrolle im Schutzwald, NaiS, 2005

3.3.3 Physiologische und soziologische Ökogramme

Innerhalb eines Ökogramms kann nun die Bandbreite an Umweltbedingungen dargestellt werden, unter denen sich eine bestimmte Baumart entwickeln kann. Um physikalische Prozesse (Klima, Boden usw.), die nicht durch die Bewirtschaftung beeinflusst werden können, von biologischen Prozessen, insbesondere der Konkurrenz zwischen verschiedenen Baumarten, abzugrenzen, werden zwei Darstellungen unterschieden. Das **physiologische Ökogramm** beschreibt die Bandbreite an Umweltbedingungen (Klima, Boden usw.), unter denen sich eine Baumart ohne Konkurrenzdruck anderer Baumarten etablieren könnte – die sogenannte fundamentale Nische. Das physiologische Optimum kennzeichnet dabei die optimalen Bedingungen, bei denen die betrachtete Baumart die grösste Zuwachsleistung zeigt.

Im **soziologischen Ökogramm** wird neben den Umwelteinflüssen auch die Konkurrenz um Licht, Wasser und Nährstoffe zwischen Baumarten berücksichtigt. Das soziologische Ökogramm beschreibt demnach die sogenannte **realisierte Nische** – die Bandbreite an Standorten, auf denen die betrachtete Baumart natürlicherweise häufig anzutreffen wäre.

Ein gutes Beispiel für diesen Unterschied bietet die Wald-Föhre *(Pinus sylvestris).* Sie ist eine Baumart mit nur geringen Ansprüchen an Klima und Boden. Ohne Konkurrenz kann sie sich auf fast allen Standorten entwickeln (physiologische Amplitude). Auf produktiveren Böden wird die Föhre jedoch schnell von anderen Baumarten verdrängt. Deshalb kommt die Wald-Föhre natürlicherweise vor allem dort vor, wo die Wachstumsbedingungen für andere konkurrenzstärkere Baumarten, etwa die Buche, kritisch werden – was besonders auf sehr sauren oder äusserst trockenen Böden der Fall ist (soziologisches Ökogramm).

Dieses Set an Ökogrammen gibt also einen Hinweis darauf, wo sich welche Baumart entwickeln kann. Für die Wald-Föhre bedeutet das, dass sie fast überall angebaut werden könnte. Auf guten Standorten müssen jedoch waldbauliche Massnahmen ergriffen werden, um die Föhre gegenüber anderen konkurrenzstärkeren Baumarten zu fördern.

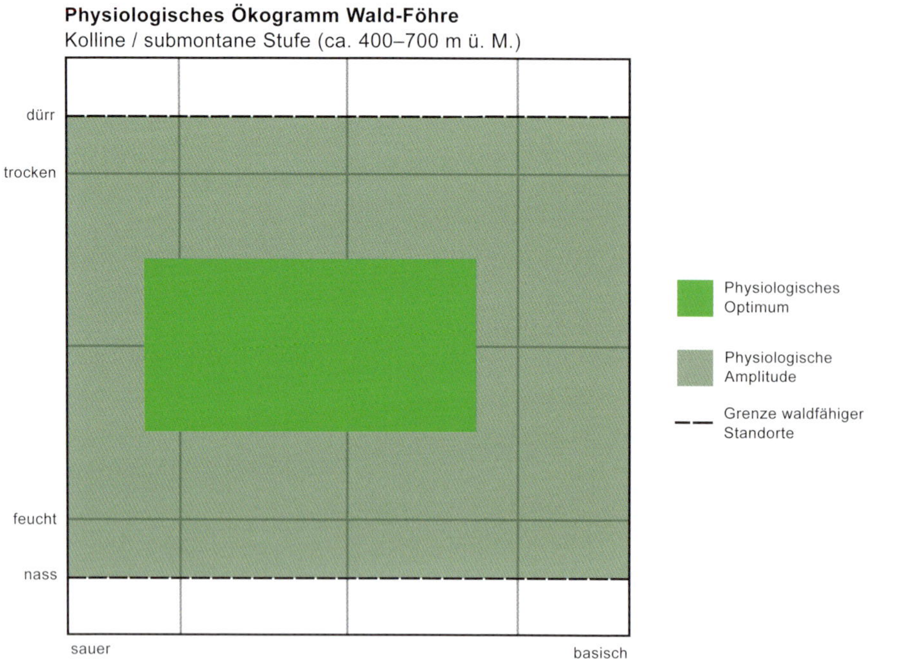

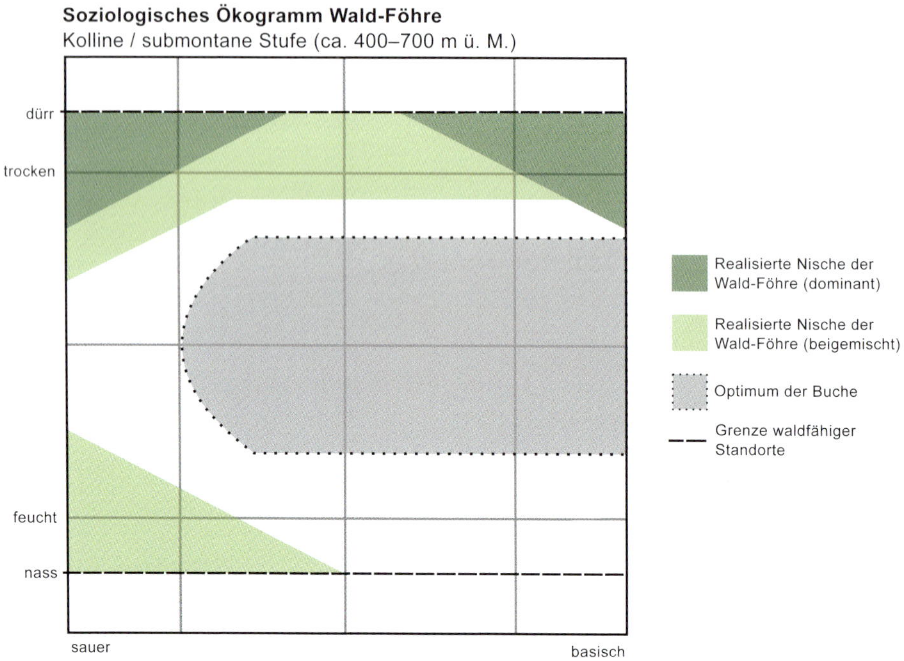

Abb. 3.5 Ökogramme der Wald-Föhre *(Pinus sylvestris)* für die kolline/submontane Stufe.
Oben: physiologisches Ökogramm (ohne Konkurrenz), unten: soziologisches Ökogramm (mit Konkurrenz).
Nach: Rudow, 2024, Dendrologie Artenporträts, ETHZ

3.3.4 Zeigerpflanzen

Aus dem Konzept der fundamentalen Nische lassen sich sogenannte **Zeigerpflanzen** identifizieren, die durch ihr Vorkommen auf bestimmte Umweltbedingungen hinweisen. Dabei handelt es sich in der Regel um krautige Pflanzen oder Sträucher, die auf bestimmte Umweltbedingungen spezialisiert sind (kleine fundamentale Nische). Gewisse Pflanzen kommen beispielsweise fast ausschliesslich auf sauren Böden vor, andere nur auf basenreichen. Wieder andere sind darauf spezialisiert, lange Trockenperioden zu überdauern oder Perioden mit starker Bodenvernässung auszuhalten.

Einige Beispiele dafür sind uns intuitiv bekannt. Schilf und Schachtelhalm weisen auf Staunässe hin, Moose und Farne vielfach auf eher feuchte Verhältnisse. Baumarten wie die Eiche, Hagebuche oder die Föhre assoziieren wir hingegen oft mit den wärmeren und trockeneren Bedingungen im Mittelmeerraum. Kakteen sind sinnbildlich für die extrem trockenen Bedingungen der Wüste.

3.3.5 Standortstyp

Der sogenannte Standortstyp ist ebenfalls eine Abstraktion der Realität und beschreibt dabei die Gesamtheit der Umwelteinflüsse sowie die Waldgesellschaft, die unter natürlichen Bedingungen an einem bestimmten Standort vorkommen würde.

Ein wichtiges Puzzleteil für das Verständnis der natürlichen Bedingungen liefert dabei die **Pflanzensoziologie.** Sie ist die Lehre der Vergesellschaftung unterschiedlicher Pflanzenarten auf unterschiedlichen Standortstypen und beschreibt sogenannte Vegetationsgesellschaften. Die Vegetationsgesellschaften werden dabei in eine möglichst empirisch begründete, systematische Ordnung gebracht.

Den Grundstein für die heutige Verwendung der Waldstandortstypen legten Ellenberg und Klötzli in ihrem 1972 erschienenen Werk *Waldgesellschaften und Waldstandorte der Schweiz.* Darin grenzen sie für die Schweiz rund 70 natürliche Waldgesellschaften voneinander ab und beschreiben sie ausführlich, sowohl in ihren Eigenschaften als auch in ihrer Verbreitung und Bedeutung für die Schweiz. Diese Vegetationsgesellschaften können in den Ökogrammen positioniert werden und helfen so dabei, die betrachteten Wälder zu charakterisieren.

Ein im Mittelland häufiger Standortstyp ist beispielsweise der typische Waldmeister-Buchenwald (7a). Dieser Standortstyp kommt in der submontanen Höhenstufe auf mittleren Böden vor (etwa in der Mitte des Ökogramms) und wird, wie die Bezeichnung erahnen lässt, durch die starke Dominanz der Buche charakterisiert. Ausserdem findet man dort oft auch den namensgebenden Waldmeister – eine Zeigerpflanze für mittlere Standorte.

Tabelle 3.2 Beispielbeschrieb des oben genannten Standortstyps 7a. Aus NaiS, 2005

Waldgesellschaft/ Standortstyp	7a: typischer Waldmeister-Buchenwald
Naturwald	Buchenwald, in dem fast alle Baumarten gut wachsen, doch ist die Konkurrenz der Buche stark; gerade Stämme; Pionierbaumarten
Max. Bestandshöhe	30–40 m
Vegetation: Aspekt und häufige Arten	Krautreich bis lückig; unter Fichten oft dichte Brombeerdecke Mittel: Waldmeister, Berg-Goldnessel, Wald-Veilchen, Wald-Segge, Gemeiner Wurmfarn, Busch-Windröschen, Vielblütiges Salomons-siegel, Efeu Mittel bis feucht, tonig: Wald-Schlüsselblume, Sanikel, Einbeere Unter Fichten häufiger: Brombeere, Sauerklee

Mittlerweile haben diverse Kantone die Klassifizierung von Ellenberg und Klötzli weitgehend übernommen und an den regionalen Kontext angepasst. Die heute wohl am häufigsten verwendete Klassifizierung stammt aus der im Auftrag des BAFU erarbeiteten Wegleitung **Nachhaltigkeit und Erfolgskontrolle im Schutzwald NaiS.** Darin werden 72 unterschiedliche Standortstypen definiert und beschrieben.

Wertvoll sind insbesondere die daraus resultierenden Zusammenstellungen der Waldgesellschaft, die in einer Höhenstufe (und biogeografischen Region) vorkommt. Abbildung 3.6 zeigt die unterschiedlichen Standortstypen, die im Mittelland auf submontaner Höhenstufe anzutreffen sind, und wo sie auf dem Feuchtigkeits- und Säuregradienten des Bodens zu liegen kommen.

Tabelle 3.3 Einteilung der Vegetationsgesellschaften nach dominierenden Baumarten und kumulierte Anteile der Waldtypen gemäss Anteilen an den Stichprobeflächen des Landesforstinventars LFI4

Waldtyp	Nummer	Anteil am Schweizer Wald [% der LFI-Stichproben]
Buchendominierte Wälder	1–21	54
Übrige laubholzdominierte Wälder	22–45	16
Tannen- und Fichtenwälder	46–60 (ohne 59)	25
Lärchen- und Arvenwälder	59, 72	3
Föhrenwälder	61–71	2

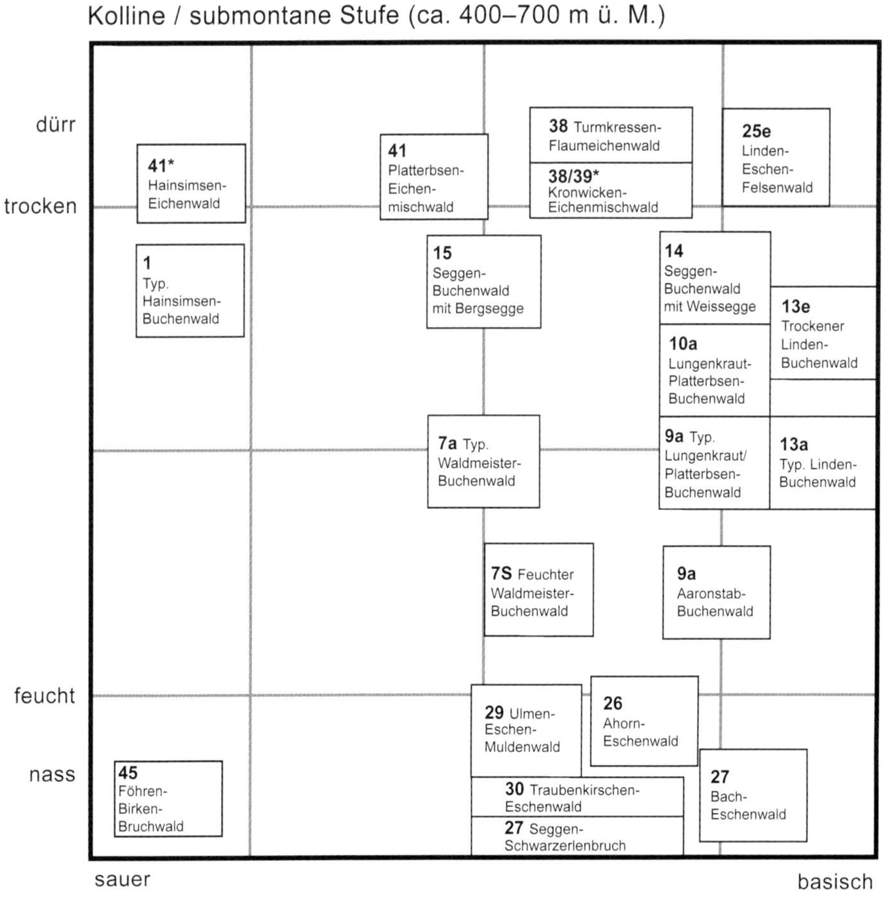

Abb. 3.6 Beispielökogramm für die submontane Höhenstufe im Mittelland. Nach: NaiS, 2005

Wurde der Standortstyp eines Waldes festgestellt, lassen sich verschiedene Schlussfolgerungen ableiten. Für jeden Standortstyp wissen wir aus den physiologischen Ökogrammen, welche Baumarten grundsätzlich darauf vorkommen können. Dabei unterstützt auch die Webapplikation Tree App (siehe Kapitel 5.7.1), die ebenfalls im Auftrag des BAFU entwickelt wurde. Für jeden Standortstyp werden die natürlicherweise vorkommenden Baumarten aufgelistet. Dieses Wissen ist notwendig für die Umsetzung des naturnahen Waldbaus und wird unter Berücksichtigung des Klimawandels von zentraler Bedeutung für die Zukunftsfähigkeit unserer Wälder sein (siehe Kapitel 5.7).

Aus Gründen der Vereinheitlichung beziehen sich alle weiteren Referenzen in diesem Buch auf die in der NaiS-Wegleitung definierte Nomenklatur und die dazugehörigen Standortstypen. Zögern Sie also nicht, beim Lesen dieses Buches gelegentlich einen

Blick in den NaiS-Ordner zu werfen, er ist gratis online verfügbar. In dessen Anhang 2A finden sich eine Anleitung, um den Standortstyp zu bestimmen, eine Liste nützlicher Zeigerpflanzen sowie ausführliche Porträts aller Standortstypen.

3.4 ZWEITER SCHRITT: IST-ZUSTAND BESCHREIBEN

Für jede zielgerichtete Tätigkeit muss zunächst die Ausgangssituation (Ist-Zustand) erfasst werden. Um den Zustand eines Waldes beschreiben zu können, benötigen wir eine Reihe von Begriffen und messbaren Grössen (Attribute). Die Grössen bilden die Grundlage der Waldinventuren und sind hilfreich für die Waldbeschreibung.

3.4.1 Einzelbaum

Bevor wir uns an die Waldbeschreibung wagen, ist es sinnvoll, zunächst den einzelnen Baum zu betrachten. Dabei sind zunächst insbesondere die **Baumart** und die **Dimension** (Höhe, Stammdurchmesser usw.) des Baumes von Bedeutung. In der forstlichen Praxis ist eine Grösse zentral: der **Brusthöhendurchmesser (BHD).** Der BHD eines Baumes wird mittels einer Kluppe, die im Prinzip einer grossen Schieblehre entspricht, auf Brusthöhe (= 1,30 m) gemessen. In der Literatur wird er deshalb zum Teil auch als $\mathbf{d}_{1.3}$ bezeichnet. Der BHD ist sowohl bei Waldinventuren als auch für die waldbauliche Planung eine zentrale Messgrösse, da er einfach und kostengünstig ermittelt werden kann.

Die **Grundfläche (g)** bezeichnet die Querschnittsfläche eines Baumes auf Brusthöhe und wird mit der Kreisformel berechnet, wobei der Radius der Hälfte des BHDs entspricht.

$$g = Grundfläche\ [cm^2] = \pi \times r^2 [cm]$$

Die Grundfläche ist zunächst eine wenig intuitive Grösse. Bei der Betrachtung ganzer Bestände kann sie sich jedoch als nützlich erweisen und wird deshalb oft in der Literatur angegeben.

Ebenfalls wichtig ist das **Holzvolumen (v)** des Baumes, das jedoch nicht direkt am lebenden Baum gemessen werden kann. Üblicherweise wird dabei das sogenannte Derbholzvolumen (Volumen aller Holzteile mit Durchmesser > 7 cm) angegeben.

Durch die Vermessung Abertausender Bäume nach der Fällung wurden Modelle zur Abschätzung des Holzvolumens auf Basis einfach messbarer Grössen wie dem BHD und der Baumhöhe erarbeitet. Diese sogenannten Tariffunktionen ermöglichen es, das Holzvolumens am lebenden Baum abzuschätzen. Da diese Tarife Schätzungen sind, werden die Resultate üblicherweise in Tariffestmetern [Tfm] und nicht in Kubikmetern [m^3] angegeben.

In der Praxis wird dafür oft die **Formel von Denzin** verwendet:

$$v = Holzvolumen\ [Tfm] = BHD^2\,[m] \times 10$$

Diese Formel ist auf wüchsigen Böden mit grossen Baumhöhen in der Regel eine sehr gute Annäherung.

Die **Vitalität** beschreibt die natürliche Lebenskraft beziehungsweise die Gesundheit eines Baumes und ist von zentraler Bedeutung für die naturnahe Waldbewirtschaftung. Die Vitalität eines Baumes ist teilweise durch seine Genetik bestimmt, wird aber von einer Vielzahl weiterer Zufallsfaktoren beeinflusst. Das Glück, auf einem guten Fleck Boden mit genügend Wasser und Licht zu landen, ist schliesslich nicht jedem Samen gewährt.

Die eigentliche Vitalität lässt sich nicht messen. Da sie aber das Baumwachstum beeinflusst, kann die Dimension gleichaltriger Individuen derselben Baumart, welche unter vergleichbaren Bedingungen aufgewachsen sind, als Ausdruck ihrer Vitalität gewertet werden. Bäume, die in der gleichen Zeit grössere Dimensionen erreichen als andere Bäume derselben Baumart, gelten als vitaler.

Vorsicht ist beim Vergleich unterschiedlicher Baumarten geboten: Die Esche ist im Gegensatz zur Tanne für ihr schnelles Jugendwachstum bekannt. Wenn in einer natürlichen Verjüngung gleichaltrige Eschen und Tannen nebeneinander vorkommen, werden die Eschen grösser sein als die Tannen. Daraus kann aber nicht geschlossen werden, dass die Vitalität der Tannen geringer ist als jene der Eschen.

Weitere Indikatoren zur Bestimmung der Vitalität sind unter anderem die Baumhöhe, der BHD sowie die Grösse und der Zustand der Baumkrone. Pilzkrankheiten, schüttere (schwach belaubte) Kronen, unübliche Blattverfärbungen usw. sind Zeichen mangelhafter Vitalität.

Neben der allgemeinen Vitalität eines Baumes ist auch seine **Stabilität** von Bedeutung. Je höher ein Baum ist, desto dicker muss er sein, um den Kräften des Windes, die seitlich auf die Krone einwirken, zu widerstehen. Um die **individuelle Stabilität** eines Baumes zu beschreiben, wird häufig der sogenannte **Schlankheitsgrad,** auch h-d-Verhältnis genannt, verwendet. Dabei wird das Verhältnis von Baumhöhe [m] und BHD [m] berechnet. Je tiefer dieser Wert, desto stabiler der Baum. In der Regel wird die Stabilität als kritisch beurteilt, wenn der Schlankheitsgrad folgende Werte überschreitet: 80 bis 100 für Nadelholz; 140 für Laubholz.

Im Gegensatz zur Vitalität und zur Stabilität, die eine wichtige Rolle bei der natürlichen Entwicklungsdynamik spielen, ist der Begriff der **Qualität** allein durch die menschlichen Bedürfnisse geprägt. Qualität bezieht sich dabei auf die Holzqualität beziehungsweise auf die Möglichkeit, das Holz zu hochwertigen Produkten weiterzuverarbeiten, und bestimmt weitgehend den erzielten Erlös beim Holzverkauf.

Massgeblich für die Beurteilung der Qualität sind insbesondere die Baumart, eine gerade, möglichst astfreie Schaftachse und die Dimension (Durchmesser, Länge).

Holzfehler wie Fäulen, Drehwuchs, Ringschäligkeit usw. werden dabei negativ bewertet. Besonders beim Laubholz sind dabei die Handelsgebräuche (Mindestlängen usw.) zu beachten.

Einzelne Bäume können zudem **Habitatstrukturen** aufweisen, von denen wir wissen, dass sie für andere Tier- und Pflanzenarten förderlich sind. Diese Mikrohabitate zeichnen sich durch spezifische Eigenschaften aus, von denen unterschiedliche Arten profitieren.

Zu den Baummikrohabitaten gehören unter anderem grobe Borken, Stammverletzungen, Risse und Rindentaschen, die einen oftmals warmen und trockenen Lebensraum für zahlreiche Insektenarten bieten. Bäume mit Höhlen dienen als Tagrastplatz für Fledermäuse, als Unterschlupf für verschiedene Kleinsäuger oder als Nistplatz für bestimmte Vogelarten und sind deshalb von besonderer ökologischer Bedeutung. Ausserdem werden Bäume mit zunehmendem Alter oft von speziellen Moos-, Flechten- oder Pilzarten besiedelt. Bäume, die solche Baummikrohabitate aufweisen, werden als Habitatbäume bezeichnet.

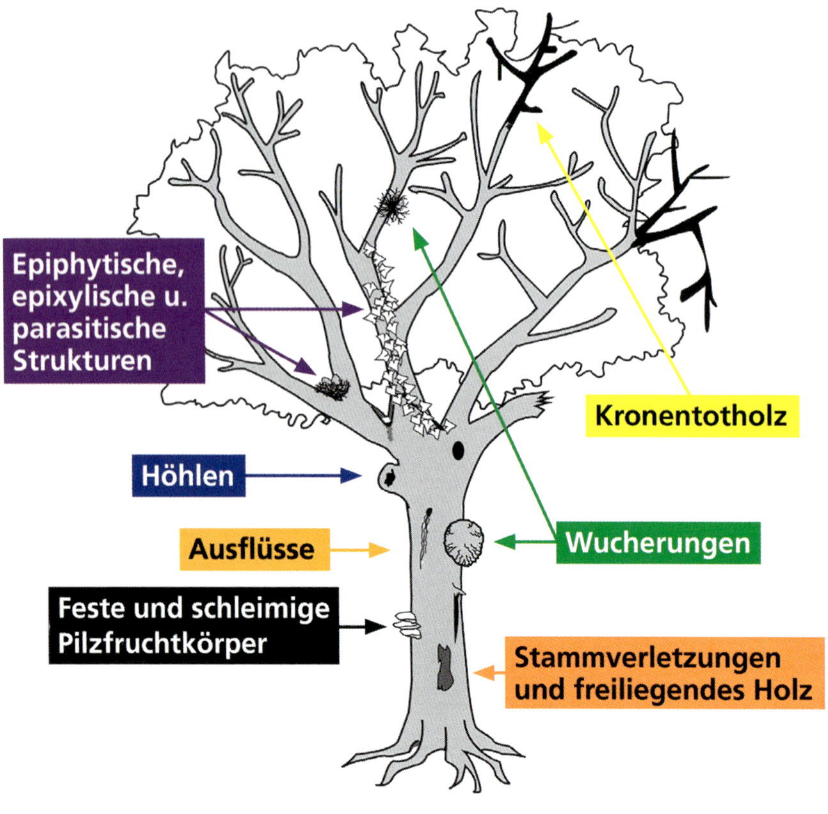

Abb. 3.7 Habitatstrukturen an einzelnem Habitatbaum. Aus: Taschenführer Baummikrohabitate, WSL, 2020

Als **Zukunftsbäume** (Z-Bäume) werden die Bäume bezeichnet, die gezielt gefördert werden und (mindestens) bis zum Erreichen des **Zieldurchmessers** im Bestand bleiben sollen. Die Z-Bäume in einem Bestand bilden den sogenannten Hauptbestand. Alle übrigen Bäume (Nicht-Z-Bäume) der gleichen Generation werden gemeinsam als Füllbestand bezeichnet. Bäume, die sich unter den Kronen der Z-Bäume verjüngen, werden als Nebenbestand bezeichnet.

Versuchen Sie es selbst

Mithilfe der zuvor eingeführten Begriffe lässt sich ein deutlich schärferes Sinnbild (= mentales Modell) vermitteln. Versuchen Sie, sich folgenden Baum bildlich vorzustellen: Eine stabile Buche mit einem BHD von 60 Zentimetern und einer Baumhöhe von 32 Metern, das entspricht einem Holzvolumen von rund 3,6 Kubikmetern. Die grosse, dicht belaubte Krone deutet auf eine hohe Vitalität hin. Die Qualität des Stammstücks ist gut (gerade Schaftachse, keine Holzfehler erkennbar, astfrei bis etwa 10 m). Die untersten lebenden Äste befinden sich auf rund 12 Metern und wenig darunter sind einige Löcher von abgebrochenen Grobästen zu sehen, die wertvolle Habitatstrukturen darstellen.

3.4.2 Bestand/Bewirtschaftungseinheit

Mit den genannten Grössen gelingt es uns relativ gut, einzelne Bäume zu charakterisieren. Da wir jedoch Waldbestände oder gar ganze Wälder beschreiben möchten, brauchen wir eine Reihe weiterer Begriffe. Einheiten, die sich auf Bestände oder ganze Wälder beziehen, werden jeweils grossgeschrieben. Wenn nicht anders vermerkt, beziehen sich die Werte jeweils auf 1 Hektare (1 ha = 10 000 m²).

Die **Stammzahl (N)** bezeichnet die Anzahl Bäume (beziehungsweise Stämme), die auf einer Fläche vorkommen. Um zu vermeiden, dass Abertausende sehr kleine Bäume vermessen werden müssen, wird der minimale Durchmesser (= Kluppschwelle) festgelegt, ab dem die Bäume tatsächlich aufgenommen werden. Die Kluppschwelle wird häufig bei etwa 12 Zentimetern angesetzt.

Die **Grundfläche (G)** entspricht der Summe der Grundflächen (g) aller Bäume, die auf der betrachteten Fläche vorkommen. Sie wird meistens in Quadratmetern pro Hektare (m^2/ha) angegeben.

Das Bitterlichverfahren (Winkelzählmethode) erlaubt eine sehr schnelle und unkomplizierte Aufnahme der Bestandsgrundfläche. Aufgrund dieser methodischen Entwicklung wurden diverse Verfahren entwickelt, wie der Holzvorrat eines Bestands auf Grundlage der Bestandsgrundfläche abgeschätzt werden kann.

Der **Vorrat (V)** bezeichnet das auf der Fläche vorhandene Derbholzvolumen, das ist das Volumen allen Holzes (Stamm und Äste) mit einem Durchmesser über 7 Zentimetern (inklusive Rinde). Wie das Volumen eines einzelnen Baumes wird der Vorrat indirekt mithilfe von Tariffunktionen berechnet und deshalb ebenfalls in Tariffestmetern (Tfm) angegeben. Nach der Ernte wird der tatsächliche Holzanfall eingemessen. Das

Volumen des liegenden Holzes (ohne Rinde) wird als Festmeter (Fm) bezeichnet und entspricht einem Kubikmeter Festholz.

Um diese Werte zu erfassen, gibt es die App MOTI

Vor einigen Jahren wurde an der Hochschule für angewandte Forst- und Landwirtschaft HAFL eine mobile Applikation entwickelt, mit der einfach und schnell waldbaulich relevante Bestandskennzahlen aufgenommen werden können. Mit der App «Mobile Timber Cruise», kurz MOTI (www.moti.ch), können die Stammzahl, die Grundfläche und die Baumhöhe gemessen und daraus eine Schätzung des Holzvorrats errechnet werden.

Der **dominante Durchmesser ddom,** auch Oberdurchmesser genannt, beschreibt den durchschnittlichen Durchmesser der 100 dicksten Bäume pro Hektare und dient als Kriterium für die Abgrenzung unterschiedlicher Entwicklungsstufen. Analog dazu entspricht **die Oberhöhe hdom** der durchschnittlichen Höhe der 100 **dicksten** Bäume pro Hektare. Dies aus dem Grund, dass der Durchmesser eines Baumes leichter feststellbar ist als dessen Höhe.

Die **Mischung** beschreibt die Baumartenzusammensetzung eines Waldes. Der **Mischungsgrad** gibt Aufschluss über den Flächenanteil, der von den vorkommenden Baumarten beansprucht wird (zum Beispiel 60 % Buche, 20 % Berg-Ahorn, 20 % Esche). Die **Mischungsform** macht Aussagen zur räumlichen Verteilung der Baumarten innerhalb des Bestands. Dabei wird insbesondere die Gruppierung der Baumarten über die Fläche beurteilt. In der Praxis werden dafür fünf Mischungsformen unterschieden.

Tabelle 3.4: Mischungsformen mit ungefährer Flächenausdehnung

Mischungsform	Fläche [m²]
Einzelbaum	< 200
Trupp	100–500
Gruppe	500–1000
Horst	1000–5000
Bestand	> 5000

Diese Einteilung ist besonders von Bedeutung, da sich die Strategien der Waldverjüngung daran orientieren (siehe Kapitel 6.6). So wird im Plenterwald die Verjüngung durch die Entnahme einzelner Bäume, im flächig verjüngten Wald hingegen zum Teil flächendeckend oder in wenigen Schritten über einen ganzen Bestand eingeleitet.

Die **Struktur** beschreibt den vertikalen Aufbau eines Waldes. Sie reicht dabei von ungleichförmig oder stufig (unterschiedliche Baumhöhen auf kleiner Fläche) bis zu einschichtig beziehungsweise gleichförmig.

Die **Dichte** einer Bestockung beschreibt den Raum, über den die individuellen Baumkronen verfügen. Dabei werden unterschiedliche Begriffe und Konzepte verwendet: Der sogenannte **Schlussgrad** dient als leicht abschätzbare qualitative Beurteilung und unterscheidet drei oder mehr Kategorien (zum Beispiel: gedrängt, normal, lückig).

Öfter wird jedoch der etwas präzisere **Deckungsgrad** verwendet. Er gibt den Anteil der Bodenoberfläche an, der durch die Kronenprojektion aller Bäume abgedeckt wird. Anders betrachtet entspricht der Deckungsgrad dem Anteil des Himmels, der von den Baumkronen verdeckt wird, wenn man auf dem Rücken liegend zum Himmel hinaufblickt. Der Deckungsgrad wird üblicherweise in Kategorien von 5 oder 10 Prozent angegeben.

Die **Entwicklungsstufen** beschreiben unterschiedliche Phasen der Bestandsentwicklung. Ein Bestand durchläuft während der Umtriebszeit eine Entwicklungsstufe nach der anderen, und dies auch ohne menschliche Eingriffe. Grundsätzlich können verschiedene Eigenschaften zur Abgrenzung der Entwicklungsstufen verwendet werden. Die in der Schweiz am weitesten verbreitete Einteilung basiert dabei auf der Oberhöhe (hdom) und dem Oberdurchmesser (ddom) der Bestände. Die Grenzen zwischen den verschiedenen Entwicklungsstufen wurden weitgehend willkürlich festgelegt und können von einem Kanton zum anderen variieren.

Tabelle 3.5: Entwicklungsstufe und Abgrenzungskriterien

Entwicklungsstufe	Kriterium
Jungwuchs	hdom < 1,3 m
Dickung	ddom < 10 cm
Stangenholz 1 (schwaches Stangenholz)	ddom 10–19 cm
Stangenholz 2 (starkes Stangenholz)	ddom 20–29 cm
Baumholz 1 (schwaches Baumholz)	ddom 30–39 cm
Baumholz 2 (mittleres Baumholz)	ddom 40–49 cm
Baumholz 3 (starkes Baumholz)	ddom > 50 cm

Die Einteilung der Entwicklungsstufen nach dem Oberdurchmesser ist zwar leicht quantifizierbar, entspricht aber keiner biologischen Logik. Aus Sicht des naturnahen Waldbaus ist es wichtig, der dynamischen Entwicklung der Bäume Rechnung zu tragen. Von ihr hängen nämlich die besonderen Eingriffsarten ab, die für die Dynamik jeder **Lebensphase** eines Baumes charakteristisch sind.

Im Buch *Naturnahe Waldwirtschaft mit der QD-Strategie* von Wilhelm und Rieger werden die Lebensphasen eines Baumes anhand der dominierenden Einflüsse auf das Baumwachstum voneinander abgegrenzt. Es werden vier Phasen unterschieden: die

Installationsphase (Etablierung), die Qualifikationsphase, die Dimensionierungsphase und die Reifephase.

Die **Installationsphase** umfasst den Samenanflug, die Keimung der Samen und die erste Erschliessung des Bodens durch Bewurzelung. Die Jungpflanzen entwickeln sich zunächst vollständig unabhängig voneinander, bis sie mit ihren Nachbarn in Kontakt kommen.

Mit dem seitlichen Kronenschluss, also sobald die Kronen der Jungpflanzen diejenigen ihrer Nachbarn berühren, beginnt die **Qualifikationsphase.** Das individuelle Wachstumspotenzial (Vitalität) der verschiedenen Bäume wird immer deutlicher. Der hohe Konkurrenzdruck führt zu zunehmender **Selbstdifferenzierung** und die schwächsten Jungpflanzen gehen daran zugrunde. Der Seitendruck erfüllt dabei einen

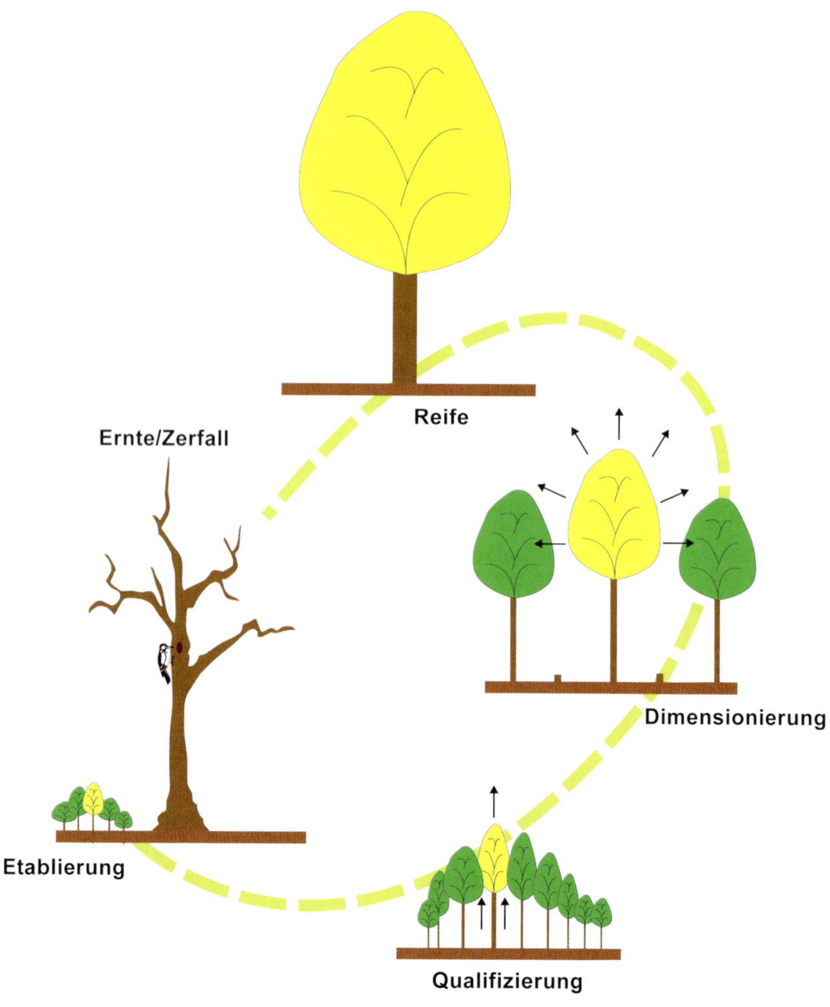

Abb. 3.8 Darstellung der unterschiedlichen Lebensphasen eines Baumes. Nach: Wilhelm und Rieger, 2018

wichtigen waldbaulichen Zweck: Die dicht stehenden Bäumchen erziehen sich gegenseitig durch ihren seitlichen Kontakt. Das Rennen ums Licht bevorzugt eine dominante, vertikale Achse, die unteren Seitenäste verschwinden mangels Lichtzufuhr. Diese natürliche Erziehung erzeugt gerade, astfreie Stämme und ist damit massgeblich verantwortlich für die Qualität des erzeugten Holzes.

Haben die Stämme die gewünschte astfreie Länge erreicht, ist die Qualifizierung abgeschlossen und die **Dimensionierungsphase** beginnt. Ab jetzt werden aktiv direkte seitliche Konkurrenten der Z-Bäume entnommen, damit die natürliche Astung den Kronenansatz nicht weiter nach oben verschiebt. Ziel ist es nun, dem Z-Baum zu ermöglichen, eine grosse Krone zu entwickeln: Die Krone wird **dimensioniert.** Hat sich die Krone entsprechend entwickelt, beginnt die **Reifephase.** Die breiten und kräftigen Kronen sorgen für regelmässigen und starken Zuwachs sowie eine gute Stabilität. Nun «reifen» die Stämme, bis sie den Zieldurchmesser erreicht haben. Die waldbaulichen Eingriffe beschränken sich in dieser Phase auf ein Minimum.

In nicht bewirtschafteten Beständen folgt auf die Reifephase eine natürliche Zerfallsphase, in der die Bäume aufgrund des zunehmenden Alters nach und nach absterben. Dadurch fällt wieder mehr Licht auf den Waldboden und die nächste Installationsphase beginnt.

Beispiele

Mithilfe dieser Begriffe lassen sich Waldbestände in einem angemessenen Detailgrad beschreiben, zum Beispiel: ein Buchen-Stangenholz 1 mit einem Mischungsgrad von über 95 Prozent Buche und knapp 5 Prozent Eschen, einem Oberdurchmesser von 18 Zentimetern, einer Oberhöhe von rund 15 Metern, einem Vorrat von gut 210 Tariffestmetern, bei einer Stammzahl von über 1400 pro Hektare und einem Deckungsgrad von über 90 Prozent. So kann der Bestand in Abbildung 3.9 gut beschrieben werden.

Abb. 3.9 Ausschnitt aus einer der Fotosphären im soeben beschriebenen Buchenbestand (PPSS61). Bild: David Coutrot | HAFL | © martelage.sylvotheque

Neben dem aktuellen Zustand ist stets auch die Bestandsgeschichte für die Bewirtschaftung von Bedeutung, insbesondere die Naturnähe des betrachteten Bestands. Obwohl dies keineswegs der natürlichen Bestockung entspricht, kommen im Mittelland bis heute zum Teil reine Fichtenbestände vor. Diese Bestände sind Relikte der vergangenen Bewirtschaftung – da die Umtriebszeit für die Fichte jedoch rund 120 Jahre beträgt, existieren viele dieser Bestände auch heute noch. In der Vergangenheit wurden ausserdem weitaus mehr Bestände durch Pflanzung verjüngt. Es kann also vorkommen, dass Baumarten in Reinbeständen auf Standorten vorkommen, die zwar innerhalb der physiologischen Amplitude dieser Baumart liegen, auf denen sie aber unter natürlichen Bedingungen von anderen Baumarten verdrängt würden. Wenn die vorkommenden Baumarten nicht gut an den Standort angepasst sind, entstehen zusätzliche Produktionsrisiken, die bei der Planung berücksichtigt werden müssen.

3.5 DRITTER SCHRITT: WALDDYNAMIK BEURTEILEN

Waldfachleute versuchen, Bestände in Richtungen zu lenken, die den Bedürfnissen der Gesellschaft und der Waldbesitzenden entsprechen. Das Wachstum der Bäume hingegen, ihre standörtlichen Ansprüche und ihre Reaktionen auf herrschende Umweltbedingungen hängen von natürlichen Prozessen ab, welche der Mensch kaum beeinflussen kann. Je besser wir mit den natürlichen Prozessen vertraut sind, desto eher können wir zweckmässige waldbauliche Ziele verfolgen und sogar von den natürlichen Prozessen profitieren. Damit wird die zentrale Rolle offensichtlich, die der Beobachtung und dem Verständnis natürlicher Prozesse im naturnahen Waldbau zukommt. Das Studium der Walddynamik – auch in nicht genutzten Wäldern – ist eine wichtige Quelle für ein waldbauliches Verständnis.

Als Referenz dieses Kapitels werden insbesondere die überarbeiteten Dendrologie-Artenporträts der Gruppe Dendrologie und Artenkunde der ETH Zürich verwendet, die gratis online verfügbar sind (siehe Kapitel 7).

3.5.1 Der Charakter der Baumarten

Um naturnahen Waldbau zu praktizieren, müssen wir zunächst die Wachstumsdynamiken der unterschiedlichen Baumarten verstehen. Die Gesamtheit der Eigenschaften einer Baumart wird auch als deren **Charakter** bezeichnet. Zum Charakter einer Baumart gehört einerseits die Bandbreite der Umweltbedingungen, unter denen sich die Baumart entwickeln kann (physiologische Amplitude). Andererseits braucht es Wissen über die Wachstumsdynamik der Baumart sowie über die Konkurrenz innerhalb einer Art (intraspezifisch, in Reinbeständen) und zwischen unterschiedlichen Baumarten (interspezifisch, in Mischbeständen).

Ökologische Strategie

Eine nützliche Kategorisierung stammt von Grime aus dem Jahr 1974. Er beschreibt die «ökologische Strategie» von Pflanzenarten und unterscheidet drei Gruppen: Konkurrenz(K)-, Stresstoleranz(S)- und Ruderal(R)-Strategen. Dazu muss erwähnt werden, dass sich Grime nicht nur mit Baumarten, sondern generell mit Pflanzen beschäftigte. Aufgrund der hohen Lebenserwartung von Bäumen werden deshalb nach Grime alle Baumarten primär den Konkurrenzstrategen zugeordnet. Uns interessiert jedoch speziell die Strategie der Baumarten im Vergleich zu anderen Baumarten. Daher wenden wir Grimes Kategorisierung im Folgenden ausschliesslich auf Baumarten an, um die Unterschiede zwischen den Baumarten hervorzuheben.

Konkurrenzstrategen (K-Strategen) verdrängen andere, weniger konkurrenzstarke Baumarten mit der Zeit. Sie profitieren von stetigen Bedingungen und dominieren vor allem mittlere Standorte, wo Störungen relativ selten sind. K-Strategen sind meist langlebige, schattentolerante Baumarten, die in der Lage sind, sich selbst in kleinen Bestandsöffnungen mit diffusem Lichteinfall zu verjüngen und aufzuwachsen. Ohne Störungen bilden diese Baumarten in der Regel dichte, geschlossene, oft quasireine Bestände mit sehr geringen Anteilen an Lichtbaumarten. Typische Beispiele für K-Strategen sind Buche, Tanne und Fichte. Diese Baumarten können sich auch langfristig an einem einmal besiedelten Standort halten. Sie werden deshalb auch als **Klimaxbaumarten** (Klimax = Höhepunkt) bezeichnet.

Stresstoleranzstrategen (S-Strategen) hingegen sind darauf spezialisiert, auf Standorten zu wachsen, wo die Ressourcen knapp und/oder die Umweltbedingungen extrem sind. Man findet sie deshalb vor allem an der Waldgrenze oder auf extrem mageren, trockenen oder staunassen Standorten. Sie wachsen aufgrund der extremen Standortbedingungen deutlich langsamer und erreichen geringere Dimensionen. Dennoch haben die meisten S-Strategen lange Lebenserwartungen. Einige dieser Baumarten bilden ebenfalls quasireine, sich selbst erhaltende Bestände und gelten deshalb gleichermassen als Klimaxbaumarten. Die daraus entstandenen Wälder sind jedoch typischerweise deutlich weniger dicht und die Verjüngung deutlich lichtbedürftiger. Typische Vertreter der S-Strategie sind Arve und Lärche, die hauptsächlich in der subalpinen und obersubalpinen Stufe unter Umweltbedingungen vorkommen, mit denen andere Baumarten nicht zurechtkommen. Auch die Wald-Föhre kann als S-Stratege angesehen werden, ihr Vorkommen beschränkt sich natürlicherweise auf extreme Standorte.

Die **Ruderalstrategen** (R-Strategen) werden auch Pioniere genannt und sind darauf spezialisiert, Standorte nach natürlichen Störungen möglichst schnell wieder zu besiedeln. Sie tauchen im «Herrschaftsgebiet» der K-Strategen immer dort auf, wo grossflächige Störungen den Erneuerungsprozess der Klimaxgesellschaft unterbrechen und durch die entstandenen Lücken im Kronendach plötzlich viel Licht auf den Boden fällt. Pioniere sind in der Regel lichtbedürftige Baumarten mit schnellem Jugendwachstum und relativ kurzen Lebenszyklen. Ihre Verbreitungsstrategie besteht darin, eine Vielzahl kleiner Samen zu produzieren, die entweder durch den Wind oder durch Wildtiere über grosse Entfernungen verteilt werden. Birken, Aspen und Weiden sind typische Pionierbaumarten der tieferen Lagen, die Vogelbeere ist dagegen in den höheren Lagen weit verbreitet und erfüllt eine wichtige ökologische Funktion.

Abbildung 3.10 zeigt eine persönliche Einschätzung davon, welche Baumarten welche Strategie verfolgen. Es ist dabei kein Zufall, dass es viele Standortstypen gibt, die durch die dominierenden Klimaxbaumarten charakterisiert werden: Von den 72 beschriebenen Waldgesellschaften sind 21 Buchenwälder und 14 Fichten- oder Tannenwälder. Zusammen machen diese Waldgesellschaften den Grossteil aller Schweizer Wälder aus. Erwähnenswert dabei ist, dass die extrem schattentolerante Tanne zwar einen Archetyp der K-Strategie darstellt, aber dennoch in der Schweiz kaum in Reinbeständen, sondern meistens gemischt mit Buche oder Fichte vorkommt.

Viele Baumarten verfolgen eine Mischstrategie. Berg-Ahorn, Esche, Linde und Schwarz-Erle etwa können zwar Bestände bilden, tun dies in der Regel aber nur auf einer kleinen Bandbreite an Standorten. Der Berg-Ahorn kommt in tieferen Lagen beispielsweise auf feuchten bis nassen und basenreichen Standorten vor oder dort, wo Bodenbewegungen der Buche zu schaffen machen.

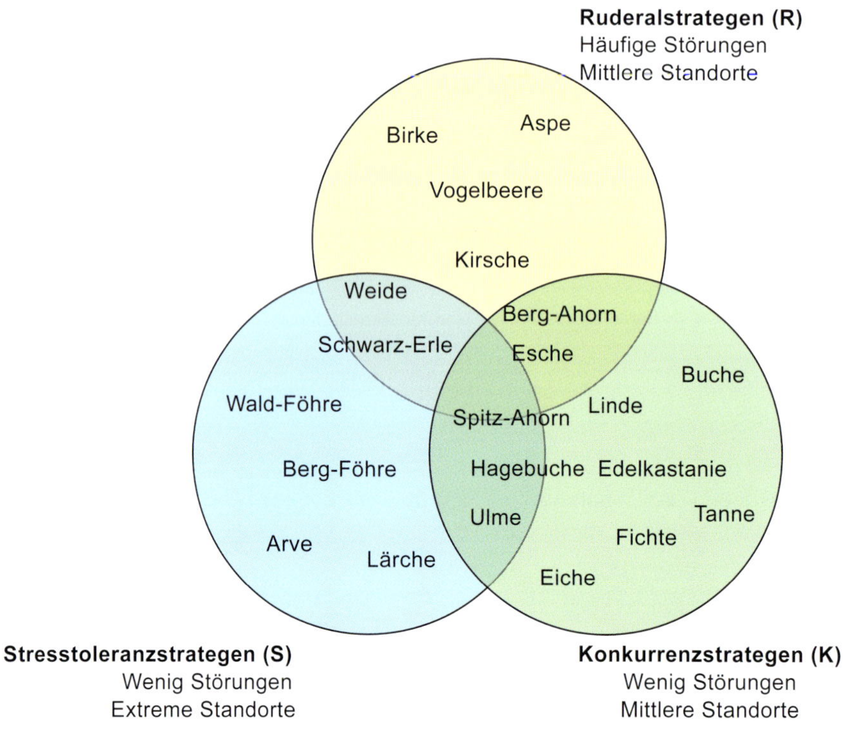

Abb. 3.10 Gutachtliche Einteilung der häufigsten Baumarten zu den drei ökologischen Strategien

Lichtbedarf

Der Lichtbedarf der Baumarten ist eng mit ihrer ökologischen Strategie verknüpft. Pionierarten zeichnen sich vielfach durch schnelles Wachstum aus, brauchen dafür aber in der Regel auch viel Licht. Die Konkurrenz um Licht ist der dominierende Faktor im Ökosystem Wald und damit in grossen Teilen verantwortlich für die natürliche Walddynamik. Gleichzeitig ist die Lichtregulierung die zentrale Steuerungsgrösse aller waldbaulichen Eingriffe (siehe Kapitel 6.2).

Um zu überleben und zu wachsen, brauchen die Baumarten unterschiedlich viel Licht. Der Lichtbedarf ist dabei umgekehrt zur Schattentoleranz zu verstehen (hoher Lichtbedarf = tiefe Schattentoleranz). Tabelle 3.6 zeigt den Lichtbedarf der wichtigsten einheimischen Baumarten nach Rudow (2024). Die meisten Baumarten ertragen in der frühen Jugend mehr Schatten als später. Im Beispiel wird die Schattentoleranz ab der Dickungsstufe genannt.

Tabelle 3.6 Schattentoleranz der häufigsten Baumarten in fünf Kategorien.
Nach: Rudow, 2024, Dendrologie Artenporträts, ETHZ

Sehr klein	Klein	Mittel	Gross	Sehr gross
Birken Lärche Weiden	Feld-Ahorn Nussbaum Wald-Föhre Pappeln Eichen Robinie Mehlbeere Sommer-Linde	Fichte Schwarz-Erle Hagebuche Edelkastanie Esche Winter-Linde Arve Kirschbaum Vogelbeere Elsbeere Berg-Ulme Douglasie	Berg-Ahorn Spitz-Ahorn	Tanne Buche Eibe

Die Bedeutung des Charakters und des Lichtbedarfs der Baumarten soll an einem kurzen Beispiel erläutert werden:

Abbildung 3.11 zeigt drei kleine Bäume mit unterschiedlichen ökologischen Strategien, Wuchsverhalten und Schattentoleranz. Von links nach rechts sind dies eine Eiche, eine Birke und eine Buche.

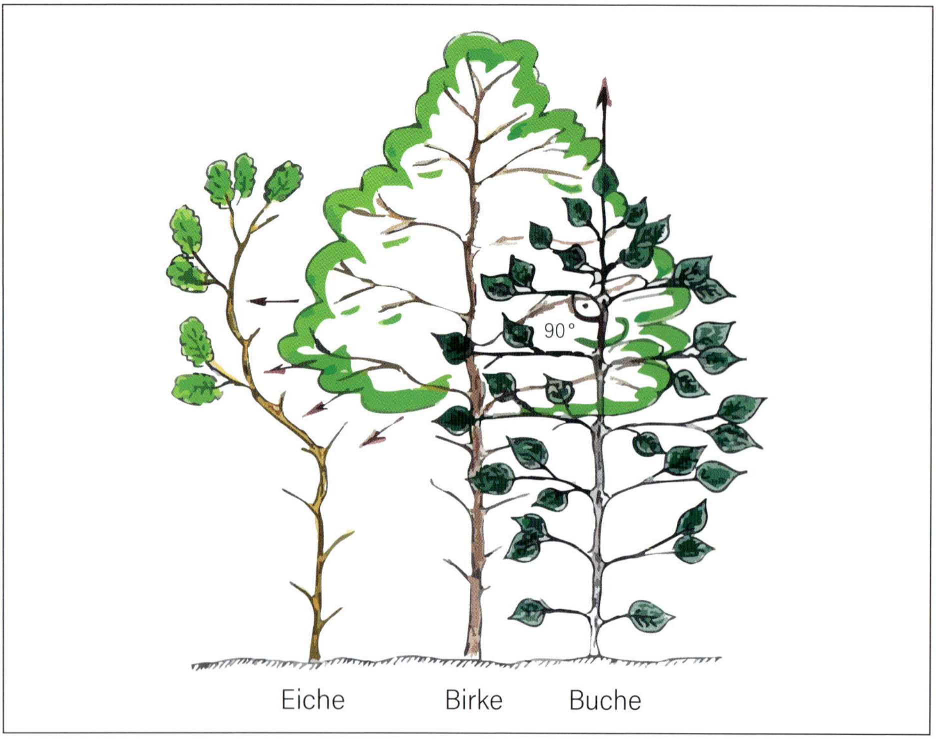

Abb. 3.11 Einfluss des Charakters und des Lichtbedarfs auf das Konkurrenzverhalten der Baumarten anhand der Eiche (links), Birke (Mitte) und Buche (rechts). Nach: Wilhelm & Rieger: Naturnaher Waldbau mit der QD-Strategie, 2018

Die Birke ist eine schnellwüchsige, aber äusserst lichtbedürftige Pionierbaumart. Solange genügend Licht zur Verfügung steht, kann sie im Jugendstadium den meisten anderen Baumarten «davonwachsen». Die Eiche und die Buche hingegen sind Konkurrenzstrategen (Klimaxbaumarten), jedoch mit unterschiedlicher Schattentoleranz und physiologischer Amplitude. Aufgrund ihrer hohen Schattentoleranz dominiert die Buche weite Teile der sub- und untermontanen Höhenstufe, insbesondere auf den mittleren Standortstypen, und bildet dort vielfach quasireine Bestände.

Im Vergleich zur Buche ist die Eiche zwar weniger schattentolerant, kann dafür allerdings besser mit sauren oder trockenen Böden umgehen als die Buche. Die Eiche kann bestandsbildend (in sehr hohem Anteil) vorkommen, ist aber häufiger mit anderen Baumarten wie der Hagebuche, Linden, Ulmen usw. gemischt.

Was passiert also im Laufe der Zeit mit unseren drei Beispielbäumen? Für einige Jahre beziehungsweise Jahrzehnte kann die Birke im vollen Licht davonwachsen. Für die äusserst schattentolerante Buche ist die Beschattung durch die Birke kein Hindernis und sie wächst weiterhin vertikal von unten in die Krone der Birke hinein. Die Eiche hingegen ist weniger schattentolerant und neigt zu sogenanntem Fototropismus (sinngemäss: «zum Licht wachsen»). Die Eiche weicht also gewissermassen dem Schatten der Birke aus und versucht daran vorbeizuwachsen.

Da die Maximalhöhe der Birke geringer ist als diejenigen von Eiche und Buche, ist es nur eine Frage der Zeit, bis diese Baumarten die Birke überwachsen und sie durch zunehmende Überschattung verdrängen. Dasselbe passiert, sobald die Buche in Kontakt mit der Eiche kommt. Durch ihre höhere Schattentoleranz wird die Buche laufend Kronenraum der Eiche erobern, bis sie am Ende komplett dominiert. So weit zur natürlichen Entwicklung.

Nun kann es jedoch vorkommen, dass aus Gründen der Adaptation an den Klimawandel (siehe Kapitel 5.5) an einem bestimmten Ort beispielsweise die trockenheitstolerantere Eiche bevorzugt wird. Dann ist ein lenkender Eingriff nötig, um den natürlich gewachsenen Eichen den entscheidenden Konkurrenzvorteil zu verschaffen. In diesem Fall wäre also eine Entnahme der Birke unmittelbar notwendig, und sobald die Buche zum direkten Konkurrenten wird, muss auch diese weichen. Ist die Zielbaumart hingegen die Buche, braucht es keinerlei Massnahme, um das Ziel zu erreichen.

Dieses Beispiel illustriert den Zusammenhang zwischen dem Charakter der Baumarten und der natürlichen Konkurrenzdynamik in einem Waldbestand. Das Verständnis dieses Zusammenhangs und die Kompetenz, sinnvolle Ziele für die Waldbewirtschaftung zu formulieren, sind der Kern der naturnahen, multifunktionalen Waldbewirtschaftung, die in Kapitel 6 vertieft wird.

Wurzelwerk

Unterschiedliche Baumarten bilden unterschiedliche Typen von Wurzelsystemen. Das hat einen Einfluss auf die mechanische Verankerung der Bäume im Boden sowie die Wasseraufnahmefähigkeit. Es werden drei Haupttypen unterschieden: Pfahlwurzler, Herzwurzler und Flachwurzler. Pfahlwurzler bilden eine auswachsende primäre Pfahlwurzel. Herzwurzler bilden eine Pfahlwurzel und zusätzlich mehrere, nach unten gerichtete Hauptwurzeln. Flachwurzler hingegen bilden oberflächlich streichende Hauptwurzeln (Wurzelteller) mit vielen kurzen Senkwurzeln. Vielfach wird den drei Haupttypen noch ein Intermediärtyp hinzugefügt, der eine Mischform von Herz- und Flachwurzelsystemen darstellt.

Durch die unterschiedliche Kraftverteilung bei Belastungen kommt dem Wurzelsystem bezüglich der Stabilität der Bäume eine grosse Bedeutung zu. Ausgeprägte Flachwurzler sind eher weniger sturmfest und auf bestimmten Böden schneller Trockenheit ausgesetzt, da sie weniger gut auf tiefer liegende Wasservorräte zugreifen können.

Dabei spielen jedoch auch die Bodeneigenschaften eine wichtige Rolle. Auf einer tiefgründigen und gut durchlüfteten Braunerde ist die Stabilität der Fichte, ein typischer Flachwurzler, gegenüber Windwurf in der Regel unproblematisch. Auf Boden mit Tendenz zur Staunässe (was die Fichte nicht mag) tendiert sie dazu, sehr oberflächliche Wurzelsysteme mit hohem Feinwurzelanteil zu bilden. Diese Wurzelteller bieten jedoch oft keine ausreichende Verankerung, um den Kräften zu widerstehen, die durch seitliche Windeinwirkung auf die Krone auslöst werden. Auch zum Schutz vor Rutschungen und Erosion sind Überlegungen zum Verwurzelungstyp der vorkommenden Baumarten unerlässlich.

Tabelle 3.7 Einteilung der wichtigsten einheimischen Baumarten in vier Wurzeltypen nach Rudow, 2024

Pfahlwurzler	Herzwurzler	Intermediärtyp	Flachwurzler
Tanne Nussbaum Wald-Föhre Eichen	Buche Berg- und Spitz-Ahorn Schwarz-Erle Birke Hagebuche Linden Edelkastanie	Lärche Robinie Elsbeere	Esche Fichte Arve Kirsche

3.5.2 Baumwachstum

Beim Durchlaufen der Lebensphasen ist ein Baum unterschiedlichen Einflüssen ausgesetzt, die sein Wuchsverhalten prägen. In der Jugendphase ist der Wettlauf ums Licht die treibende Kraft. Charakteristisch für diese Phase ist ein starkes Höhenwachstum der Bäume. Auch die Krone wird zunehmend grösser, was dem Baum eine grössere Zuwachsleistung (Durchmesser und Volumen) ermöglicht. Da für ein starkes Volumenwachstum zunächst eine angemessene Krone ausgebaut werden musste, findet der Höhepunkt des Durchmesserwachstums deutlich später statt. Und zuletzt erreicht der Volumenzuwachs sein Maximum. Die jeweiligen Wachstumshöhepunkte (= Kulmination) werden entsprechend den Umweltbedingungen und dem Charakter der betrachteten Baumart nach unterschiedlichen Zeiträumen erreicht.

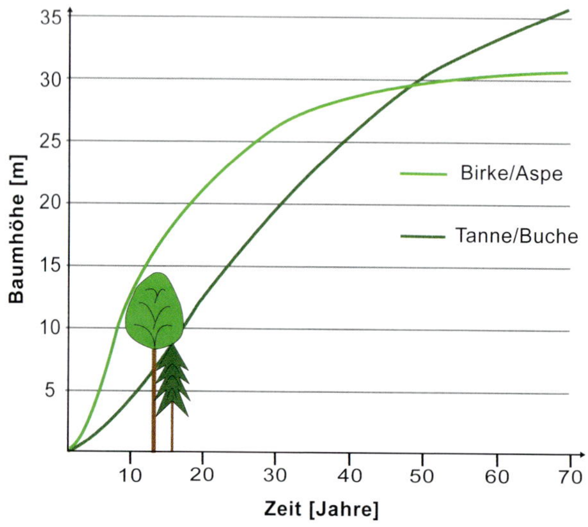

Abb. 3.12 Wachstumskurven von Pionier- (Birke, Aspe) und Klimaxbaumarten (Tanne, Buche). Pionierbaumarten haben in der Jugend ein imposantes Höhenwachstum, werden aber nach einigen Jahrzehnten von den schattentoleranteren Klimaxbaumarten überholt. Nach: Ammann, 2019

Weil der Höhepunkt des Volumenzuwachses erst verhältnismässig spät erreicht wird, sind vor allem grosse Bäume diejenigen mit dem grössten Zuwachs. Deshalb hört man im Wald oft den Grundsatz: **«Holz wächst an Holz.»**

3.5.3 Wertzuwachs

Von zentraler ökonomischer Bedeutung für die Holzproduktion ist der Wertzuwachs eines Baumes. Hier ist nun nicht mehr nur das Holzvolumen, sondern insbesondere die Qualität des untersten Stammstücks ausschlaggebend. Stammstücke guter Qualität können zu unterschiedlichen hochwertigen Produkten weiterverarbeitet werden und erzielen deshalb höhere Holzpreise. Innerhalb einer Qualitätsklasse ist ausserdem das Volumen des Stammstücks entscheidend, denn aus einem grösseren Stamm kann ein höherer Anteil zu Nutzholz verarbeitet werden.

Die überragende ökonomische Bedeutung des Wertzuwachses soll im Folgenden anhand einer hochqualitativen Eiche beleuchtet werden: Aufgrund des geringen BHDs von 20 Zentimetern kann der Stamm zu diesem Zeitpunkt noch nicht zu hochwertigen Produkten verarbeitet werden und erzielt deshalb einen geringen Preis (Energieholz). Bei 40 Zentimeter BHD beginnt der Stamm für die Holzproduktion interessant zu werden und erzielt einen deutlich höheren Verkaufspreis pro Volumen. Bei 60 Zentimeter BHD kann das Stammstück mit grösserer Ausbeute zu hochqualitativen Produkten weiterverarbeitet werden und erzielt deshalb noch höhere Preise. Der Wert des Baumes ist also bei einer Verdreifachung des Durchmessers um den Faktor 45 gestiegen. Auf diesem Zusammenhang beruht das waldbauliche Prinzip der Wertkonzentration.

Tabelle 3.8 Das Prinzip der Wertkonzentration: Der Holzwert eines einzelnen Baumes steigt überproportional zum Durchmesser.

BHD [cm]	Faktor	Volumen [m^3]	Volumen-Faktor	Preis [CHF/m^3]	Wert [CHF]	Wert-Faktor
20	1	0,4	1	50	20	**1**
40	2	1,6	4	100	160	**8**
60	3	3,6	9	250	900	**45**

3.5.4 Natürliche Walddynamik

Im Wald gibt es also eine Konkurrenz um Licht. Im Gegensatz zu den Umweltbedingungen können die Konkurrenzverhältnisse waldbaulich beeinflusst werden, insbesondere über die Lichtdosierung. Um zu verstehen, wie ein Wald möglichst naturnah und effizient bewirtschaftet werden kann, braucht es zunächst Kenntnis darüber, wie sich der Wald ohne menschliche Eingriffe entwickeln würde.

Urwald/Naturwald

Der Begriff Urwald bezeichnet einen Wald, der nie von Menschen genutzt oder massgeblich beeinflusst wurde. Der Naturwald hingegen ist ein Wald, der aus der Nutzung genommen wurde und sich selbst überlassen wird. Die nunmehr zu beobachtende Waldentwicklung wird einzig durch natürliche Prozesse gesteuert. Je nachdem, wie lange der letzte Eingriff zurückliegt, kann der Wald noch weit von seinem natürlichen Zustand entfernt sein. Je länger der letzte Eingriff zurückliegt, desto eher gleicht der Zustand eines Naturwalds dem eines Urwalds.

Der Hauptunterschied zum bewirtschafteten Wald liegt darin, dass in Ur- oder Naturwäldern Bäume nur aus natürlichen Gründen absterben. Diese natürliche Mortalität tritt aufgrund von Konkurrenz, Alterung oder natürlichen Störungen auf. Im Naturwald erreicht ein Teil der Bäume ihr biologisches Maximalalter, das deutlich über den üblichen Umtriebszeiten im bewirtschafteten Wald liegt. Des Weiteren verbleibt die gesamte Biomasse der abgestorbenen Bäume im Wald und zersetzt sich vor Ort.

Wahre Urwälder sind in der gemässigten Zone Europas äusserst selten. Gemäss Schätzungen machen sie nur 0,4 Prozent der gesamten Waldfläche aus. Sie kommen vor allem in Ost- und Südosteuropa vor, und zwar in der Regel in den gebirgigen und schwach besiedelten Regionen des Balkans, der Karpaten und der Alpen. Es handelt sich dabei um Buchenwälder, Tannen-Buchenwälder, Tannen-Fichtenwälder und Fichtenwälder. Sie verdanken ihren Erhaltungszustand meist dem unwegsamen Zugang und dem schwierigen Holztransport.

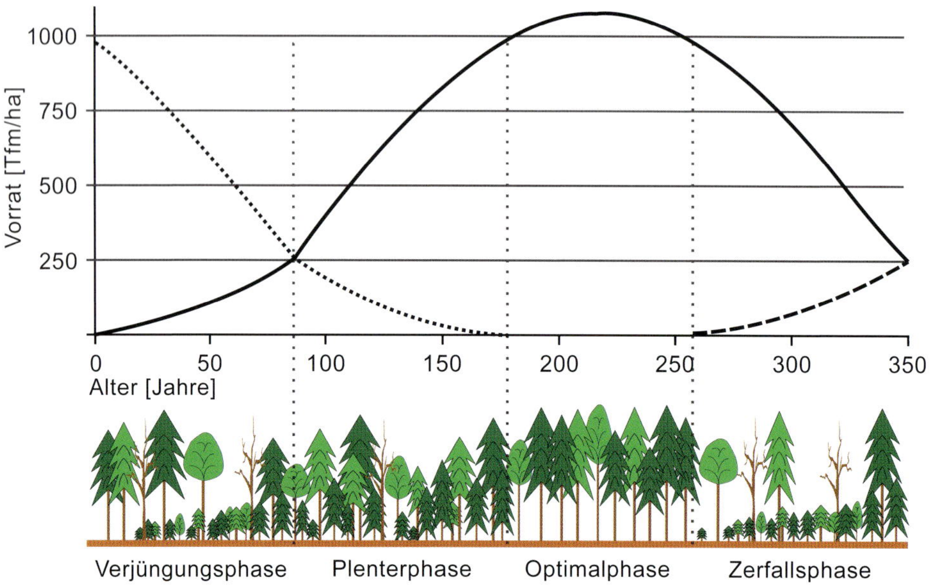

Abb. 3.13 Überlappung verschiedener Generationen und Entwicklungsphasen im Tannen-Buchen-Urwald. Abgeändert nach Korpel, 1995

Zur Darstellung der natürlichen Entwicklung von europäischen Urwäldern werden verschiedene Entwicklungsphasen unterschieden. Diese Entwicklungsphasen sind erneut bloss eine grobe Vereinfachung der in Wirklichkeit unfassbar komplexen Realität. Ausserdem hängt die Zuordnung zu einer Entwicklungsphase stets vom betrachteten räumlichen Massstab ab. Abbildung 3.13 zeigt ein solches Modell mit überlappender, aber eindeutiger Generationenablösung. Charakteristisch ist dabei insbesondere die lange Optimalphase, während der die hohe Bestandsdichte keine Verjüngung erlaubt.

Der Entwicklungszyklus im Naturwald dauert viel länger als derjenige im bewirtschafteten Wald. So beträgt der durchschnittliche Produktionszeitraum beispielsweise der Buche ungefähr 100–120 Jahre, während es beim natürlichen Zyklus im Urwald mehr als 250 Jahre sind. Im Tannen-Buchenwald dauert der Zyklus wesentlich länger als im Buchenwald. In den Westkarpaten wurde eine Dauer von 350–400 Jahren beobachtet.

Es kommt jedoch auch im Urwald vor, dass ein Zyklus durch grossflächige Naturereignisse unterbrochen wird. Dann wird der Zyklus nicht abgeschlossen, sondern beginnt wieder mit einer neuen Verjüngungsphase.

Die Frage, ob die Verjüngung in Naturwäldern von kleinen, eher isolierten Verjüngungskegeln ausgeht (aufgrund des Absterbens einzelner Altbäume) oder grossflächig geschieht (Windwurf, Waldbrand), beschäftigt die Wissenschaft seit Langem und hat wiederholt zu Kontroversen geführt, wenn es darum geht, eine flächige Verjüngung im Wirtschaftswald zu fördern oder zu vermeiden.

Eine versöhnende Einsicht kommt aus der Betrachtung der sogenannten Sukzession – der Abfolge der natürlichen Wiederbesiedlung einer unbestockten Fläche, zum Beispiel infolge grossflächiger Sturmschäden. Meistens entsteht dabei zunächst ein Vorwald aus schnellwüchsigen und lichtbedürftigen Pionierbaumarten (R-Strategen), die nach und nach durch die langsameren, aber konkurrenzstärkeren Klimaxbaumarten (K-Strategen) abgelöst werden. In Abwesenheit von Störungen ist die Klimaxgesellschaft dann ein sich selbst erhaltendes System. In den Lücken einzelner abgestorbener Bäume verjüngen sich fast ausschliesslich die schattentoleranten Klimaxbaumarten. Diese Form der Walderneuerung bildet den Grundsatz der Plenterung (siehe Kapitel 2.5). In Wäldern, die häufigeren oder stärkeren Störungen wie Stürmen oder Waldbränden ausgesetzt sind, wird dieser Zyklus manchmal unterbrochen und die Sukzession beginnt von Neuem. Da Pionier- und Lichtbaumarten zum Aufwachsen auf grössere Lücken angewiesen sind, kommen sie in diesen Wäldern häufiger vor als im störungsarmen Wald. Aus den grösseren Lücken wiederum entstehen gleichaltrige Bestände, wie wir sie aus dem Altersklassenwald kennen – vielfach jedoch mit unerwartet grosser Artenvielfalt. Sowohl die flächige als auch die diffuse Verjüngung haben individuelle Vor- und Nachteile aus ökologischer, ökonomischer und sozialer Perspektive.

All diese Überlegungen sind notwendig, um überhaupt sinnvolle und konkrete Ziele für die Waldbewirtschaftung zu definieren. Es lohnt sich nämlich nur dann, von den natürlichen Prozessen abzuweichen, wenn ein tatsächlicher Mehrwert bezüglich mindestens einer der vielfältigen Waldleistungen geschaffen wird.

3.5.5 Bestandsentwicklung

Historisch stammt ein erheblicher Teil unseres Wissens über die Wachstumsdynamik des Waldes aus Forschung und Erfahrung im Altersklassenwald. Dabei gibt es einige Prozesse, die für das Verständnis der Waldpflege von besonderer Bedeutung sind.

Sobald nach einem Verjüngungsschlag oder einer natürlichen Störung wieder mehr Licht auf den Waldboden gelangt, stellt sich in der Regel eine natürliche Baumartenverjüngung ein. Die natürliche Verjüngung ist dabei oft durch eine sehr grosse Anzahl an Pflanzen pro Fläche charakterisiert. Zu Beginn sind dies meist Hunderttausende kleine Sämlinge pro Hektare.

Dies ist die Ausgangslage des Konkurrenzkampfs um Licht, Nährstoffe und Wasser. Als Folge davon findet eine sogenannte **Selbstdifferenzierung** statt, wobei die Individuen mit einem Entwicklungsvorteil – zum Beispiel durch eine bessere Genetik oder einen günstigen Kleinstandort – schneller wachsen als die übrigen Jungbäume. Mit zunehmendem Wachstum werden die schwächsten Individuen von den vitaleren Bäumen überwachsen und verschwinden nach und nach. Dies führt mit der Zeit zu einer natürlichen Stammzahlabnahme und zunehmender Dominanz der vitalsten Individuen. Da grössere Bäume mehr Platz, Licht, Wasser und Nährstoffe brauchen, sinkt mit dem Baumwachstum die Stammzahl in einem Bestand.

Dies zeigt auch, dass Wälder nicht unbegrenzt wachsen können. Nach einigen Jahrzehnten wird die maximale Bestandsdichte erreicht, wo sich Zuwachs und natürliche Mortalität ausgleichen. Bei einer Durchforstung wird jeweils ein Anteil des Bestands entnommen und damit die natürliche Mortalität vorweggenommen. Die Holzproduktionsleistung in durchforsteten Beständen ist deshalb grösser als in nicht durchforsteten. Der temporäre Zuwachsverlust durch die Entnahme eines Anteils der Bäume wird dabei schnell vom verbleibenden Bestand kompensiert, der von den verfügbar gewordenen Ressourcen profitiert.

3.6 VIERTER SCHRITT: ZIELE DEFINIEREN

Aus der Beurteilung der Ausgangssituation in den Schritten 1 und 2 ergibt sich die Bandbreite der möglichen waldbaulichen Zielsetzungen. Anhand des Standortstyps wissen wir, welche Baumarten auf der Fläche grundsätzlich aufwachsen könnten. Wir kennen die aktuelle Zusammensetzung (Mischung, Vorrat, Durchmesserverteilung usw.) des betrachteten Waldbestands und können beurteilen, wie sich dieser Wald ohne Eingriffe entwickeln würde.

Nun müssen wir überprüfen, ob für die zu behandelnde Waldfläche eine übergeordnete Zielsetzung (Vorrangfunktion) definiert wurde. Diese wird in der Regel in den kantonalen Waldentwicklungsplänen (WEP) festgeschrieben. In einem solchen Fall sollten die waldbaulichen Ziele insbesondere auf die Erfüllung der Vorrangfunktion ausgerichtet werden. In Schutzwäldern muss beispielsweise die minimale Pflege sichergestellt werden (siehe Kapitel 6.10). Die Multifunktionalität (zum Beispiel die minimale Pflege kombiniert mit nachhaltiger Holznutzung und Habitataufwertung) ist jedoch auch dort ausdrücklich erwünscht. Basierend auf der Vorrangfunktion sowie den Interessen der Waldbesitzenden und der Öffentlichkeit können dann die waldbaulichen Ziele für die betrachtete Waldfläche definiert werden.

3.6.1 Zielsetzung der Waldbesitzenden

Die meisten Waldbesitzenden sind keine Forstfachleute und verfügen deshalb nicht über das notwendige Wissen, um die Bewirtschaftung ihrer Wälder nachhaltig und effizient zu planen. Sie können jedoch Wünsche, Absichten und Ziele formulieren – also ihren gewünschten Soll-Zustand beschreiben. Basierend auf diesen Zielvorstellungen kann der lokale Forstdienst ein Bewirtschaftungskonzept erstellen, das aufzeigt, mit welchen Massnahmen und zu welchen Kosten der gewünschte Zustand erreicht werden kann.

In privaten Gärten formuliert in der Regel die Grundeigentümerschaft Ziele, wie die Gartengestaltung aussehen soll. Eine Gärtnerei macht dann einen Bewirtschaftungsvorschlag und offeriert die Leistungen zu einem gegebenen Preis. Waldbewirtschaftung funktioniert grundsätzlich gleich, die Zielsetzungen werden von der Waldeigentümerschaft vorgegeben und vom beauftragten Forstbetrieb, der über die notwendigen fachlichen Kompetenzen verfügt, zu einem Bewirtschaftungskonzept ausgearbeitet.

Für Waldbesitzende steht also hauptsächlich die Definition einer Richtung für die Waldentwicklung im Zentrum. Die Bewirtschaftungsplanung und Ausführung obliegt dann dem Forstdienst. Diese grobe Zieldefinition wird manchmal als Wald-Vision bezeichnet und in der Regel von den Waldbesitzenden erarbeitet, bestenfalls im Austausch mit dem Forstdienst. In einem weiteren Schritt wird diese Wald-Vision durch Forstfachleute in einem Waldbaukonzept konkretisiert.

Im folgenden Abschnitt werden zwei einfache Leitfragen vorgestellt, die Waldbesitzende bei der Ausformulierung ihrer Wald-Vision unterstützen können:

- **Welche Waldleistungen (siehe Kapitel 1.9) sind mir wichtig?**

Manche Waldbesitzende möchten Holz produzieren, andere die Biodiversität fördern, wieder andere möchten einfach unberührte Natur oder wünschen sich eine verbesserte Erholungsinfrastruktur für die Bevölkerung. Die Wünsche und Vorstellungen der Waldbesitzenden sind so divers wie die Menschen und Trägerschaften, die dahinterstecken. Der lokale Forstdienst kann über die diversen Waldleistungen informieren und auch bei der Definition der Wald-Vision behilflich sein.

- **Bin ich auf Einnahmen aus der Waldbewirtschaftung angewiesen – oder was darf mich der Wald kosten?**

Es gibt Körperschaften und Individuen, die auf finanzielle Erträge aus der Waldbewirtschaftung angewiesen sind. Waldbesitzenden ohne Steuerhoheit fehlt beispielsweise die Möglichkeit, Kosten im Zusammenhang mit der Erholungsleistung des Waldes, etwa für den Wegunterhalt, über Steuereinnahmen querzufinanzieren. Möchten diese Waldbesitzenden nicht kostendeckende Massnahmen zugunsten einer bestimmten Waldleistung umsetzen, müssen sie dies oft aus eigener Tasche bezahlen, obwohl die Leistung vorwiegend der Öffentlichkeit zugutekommt. Der lokale Forstdienst kann auf subventionsberechtigte Massnahmen oder Inwertsetzungsmöglichkeiten hinweisen.

3.6.2 Waldbauliche Zielsetzungen

Die Ziele der Waldbesitzenden werden vom lokalen Forstdienst zu konkreten waldbaulichen Zielsetzungen weiterverarbeitet. Eine zentrale waldbauliche Zielgrösse ist das sogenannte **Bestockungsziel.** Dieses bezeichnet die Baumartenmischung des Hauptbestands, also der Bäume, die bis zum Erreichen des Zieldurchmessers im Bestand bleiben sollen (Z-Bäume).

In Abwesenheit von Störungen entwickeln sich Wälder mit der Zeit in Richtung des natürlichen Zustands, der in den Standortstypen charakterisiert wird. Damit wird klar: Je weiter weg der Zielzustand vom natürlichen Zustand liegt, desto mehr waldbauliche Steuerung ist notwendig, um diese Ziele zu erreichen.

Aufgrund dieser Wechselwirkung müssen wir uns bereits bei der Zieldefinition darüber Gedanken machen, wie aufwendig (und damit kostenintensiv) die waldbauliche Steuerung ausfallen wird. Dazu müssen einige Überlegungen aus dem fünften Schritt vorgezogen werden.

Das sogenannte **Produktionskonzept** umfasst die Abwägung der Nutzen (Holzerlös, Beiträge, weitere Waldleistungen) und der Kosten (Waldpflege, Holzernte usw.). Die Kunst des naturnahen Waldbaus liegt darin, eine sinnvolle Zielsetzung festzulegen, die durch Nutzung der natürlichen Walddynamik mit verhältnismässig geringem Arbeitsaufwand erreicht werden kann.

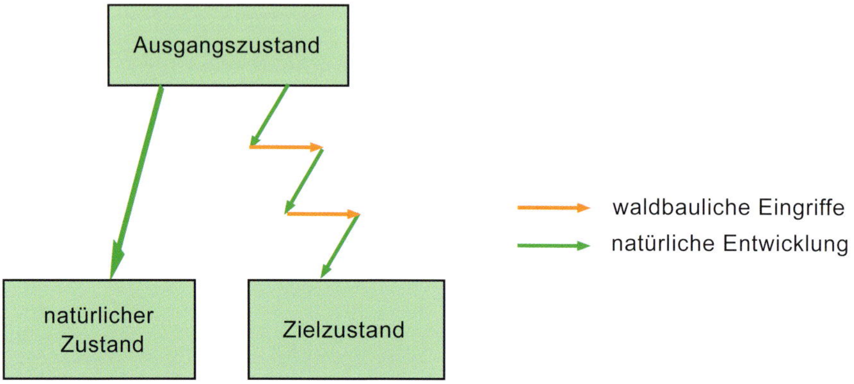

Abb. 3.14 Zieldefinition und Naturnähe. Ohne waldbauliche Eingriffe würde sich ein Wald stetig in Richtung seines natürlichen Zustands entwickeln. Umso stärker der Zielzustand vom natürlichen Zustand abweicht, desto stärker muss die Entwicklung über waldbauliche Eingriffe gelenkt werden, um den Zielzustand zu erreichen.

Beispiel
In einem typischen Waldmeister-Buchenwald (Standortstyp 7a) tendiert die Buche natürlicherweise dazu, reine Bestände zu bilden. Aufgrund des Standortstyps wissen wir jedoch, dass hier unter anderem auch Berg- und Spitz-Ahorn sowie Stiel- und Trauben-Eiche gut wachsen würden. Die Bandbreite möglicher Bestockungsziele reicht also von reinen Buchenbeständen über verschiedene Mischungsgrade (zum Beispiel 40 % Buche, 40 % Berg-Ahorn, 20 % Trauben-Eiche) bis hin zu Reinbeständen einer der anderen, ebenfalls an den Standort angepassten Baumarten (100 % Trauben-Eiche).

Auf dem zuvor erwähnten Standortstyp 7a wäre beispielsweise ein reiner Eichenbestand zwar möglich, aber nur mit sehr grossem Aufwand zu erreichen, da der Bestand vermutlich durch Pflanzung künstlich begründet und aufwendig gepflegt werden müsste. Eine Zielsetzung, die näher an der natürlichen Klimaxgesellschaft liegt (beispielsweise 80 % Buche, 20 % Berg-Ahorn), hat möglicherweise eine etwas geringere Wertleistung, kann aber mit deutlich geringerem Aufwand erreicht werden und so dennoch einen höheren Gewinn (Ertrag minus Aufwand) erzielen.

Hinzu kommt, dass der Holzverkauf oftmals die einzige Einnahmequelle der Besitzerschaft darstellt. Demgegenüber fordert die Gesellschaft vom Wald eine Vielzahl weiterer Waldleistungen, die ebenfalls berücksichtigt werden sollten, aber nur in den wenigsten Fällen abgegolten werden. Um das Produktionskonzept zu konkretisieren, müssen also auch die sozioökonomischen Rahmenbedingungen berücksichtigt werden. Dabei sind insbesondere die Ziele der Waldeigentümerschaft und die gesellschaftlichen Ansprüche an den Wald, aber auch die lokalen Produktionsbedingungen (Standortstypen, Maschinen, Personal, Erschliessung usw.) von Bedeutung. Auch der Klimawandel muss bei dieser Entscheidung zwingend berücksichtigt werden.

Parallel zur Holzproduktion sollten situativ besondere Zielsetzungen bezüglich weiterer Waldleistungen definiert werden. Dazu gehören insbesondere die Schutzwirkung vor Naturgefahren, Naturschutzziele sowie die Erholungsleistung des Waldes.

Um Wälder effizient zu bewirtschaften, muss die Waldplanung also all diesen Einflüssen Rechnung tragen. Dabei sollte beachtet werden, dass sich der ökonomische Kontext viel schneller ändert, als sich der Wald entwickelt. Es ergibt deshalb wenig Sinn, den Wald nur nach den gegenwärtigen ökonomischen Erwartungen an den Holzpreis zu gestalten – und erst recht nicht nach vergangenen.

Guter Waldbau zeichnet sich dadurch aus, nicht «überall ein bisschen von allem» zu produzieren, sondern situativ die Standortsbedingungen zu nutzen, um mit geringen Kosten hochwertige Produkte (Waldleistungen) in einem nachhaltig stabilen und klimaresilienten Wald zu produzieren.

Beispiele von Produktionskonzepten auf einem typischen Waldmeister-Buchenwald-Standort (Standortstyp 7a)

Fallbeispiel 1

- Zielsetzung der Waldeigentümerschaft: kostengünstige Brennholzproduktion zur Selbstversorgung

Unter dieser Zielsetzung werden keine Ansprüche an die Holzqualität gestellt, sondern allein die Holzmenge ist ausschlaggebend. Die Buche eignet sich ausgezeichnet zur Brennholzproduktion. Das Bestockungsziel von 100 Prozent Buche entspricht dabei weitgehend der natürlichen Zusammensetzung dieses Waldes und wird durch die natürliche Dynamik des Standortstyps selbstständig erreicht. Somit bedarf es hier fast keiner waldbaulichen Steuerung.

Die Wertleistung (Wert der verkaufbaren Produkte) ist zwar gering, der Produktionsaufwand aber auch.

Fallbeispiel 2

- Zielsetzung der Waldeigentümerschaft: Wertholzproduktion mit Eiche

Eine andere Zielsetzung könnte folgendermassen lauten: Um die Nutzung von Holz als nachhaltigen Baustoff zu fördern, soll qualitativ hochwertiges Eichenholz produziert werden. Die Wertleistung eines Eichenbestands kann aufgrund des höheren Holzpreises deutlich über derjenigen eines Buchenbestands liegen. Da die natürliche Entwicklungsdynamik auf diesem Standortstyp jedoch zum Buchenwald tendiert, erfordert das Bestockungsziel eine konsequente waldbauliche Behandlung. Die Kosten der künstlichen Verjüngung sind unter den heutigen Bedingungen enorm und aus einer rein ökonomischen Perspektive kaum vertretbar. Die Wertleistung ist potenziell hoch, aber der Aufwand ebenfalls. Ein Ausfall dieses Bestands wäre ausserdem mit beträchtlichen verlorenen Investitionen verbunden (hohes Risiko).

Fallbeispiel 3

- Zielsetzung der Waldeigentümerschaft: Multifunktionalität und Baumartenmischung

Viele Waldbesitzende sehen in ihren Wäldern weit mehr als die ökonomische Rendite oder die Holzproduktion. Demnach könnte die Zielsetzung einer Besitzerschaft auch folgendermassen lauten: ein diverser Mischwald, der eine kontinuierliche Holznutzung erlaubt und durch eine vielfältige Baumartenmischung besser auf zukünftige Veränderungen der Umweltbedingungen vorbereitet ist.

Ein angemessenes Bestockungsziel könnte in diesem Fall so aussehen: 20 % Buche, 20 % Hagebuche, 20 % Spitz-Ahorn, 20 % Trauben-Eiche, 10 % Linde und 10 % übrige Laubhölzer. Auch dieses Bestockungsziel erfordert eine konsequente waldbauliche Behandlung. Denn sonst würde die Buche mit der Zeit überhandnehmen und die Mischung verloren gehen. Das Bestockungsziel liegt jedoch deutlich näher an der natürlichen Bestockung als das im Fallbeispiel 2. Somit ist wahrscheinlicher, dass das Bestockungsziel mit der vorhandenen Naturverjüngung und angemessenem Pflegeaufwand erreicht werden kann.

Die Wertleistung und der Aufwand bewegen sich im mittleren Bereich. Durch die grosse Baumartenvielfalt wird das Risiko eines Totalausfalls stark reduziert und die Anpassungsfähigkeit an den Klimawandel verbessert.

Beispiele auf anderen Standortstypen

Im typischen Weisseggen-Buchenwald (Standortstyp 14) neigt die Buche aufgrund der stärkeren Trockenheit natürlicherweise zu Grobastigkeit. Der Versuch, Qualitätsholz zu produzieren, ist kostenintensiv und beinahe aussichtslos. Mit minimalem Pflegeaufwand auf die Produktion von Energieholz zu setzen, ist hier deutlich erfolgversprechender.

Im Ahorn-Eschenwald (Standortstyp 26) hingegen reduziert der vernässte Boden die Konkurrenzkraft der Buche. Dadurch ist auch die Produktion von Edellaubhölzern (Esche, Ahorn, Kirsche) fast ohne Mischungsregulierung möglich. Dieselben Edellaubhölzer könnten auch in einem zuvor erwähnten typischen Waldmeister-Buchenwald (Standortstyp 7a) wachsen. Dort wären aber regelmässige Eingriffe nötig, um der natürlichen Vorherrschaft der Buche entgegenzuwirken.

3.7 FÜNFTER SCHRITT: MASSNAHMEN FESTLEGEN UND AUSFÜHREN

Nachdem im vierten Schritt das Bestockungsziel und das Produktionskonzept definiert wurden, kann beurteilt werden, wann welche Massnahmen ergriffen werden müssen, um den gewünschten Zustand zu erreichen. Dabei geht es insbesondere darum, die Ziele mit möglichst geringem Aufwand zu erreichen. Hier finden Naturnähe und ökonomische Effizienz zusammen: Um Waldbau effizient zu gestalten, ist es notwendig, sich grösstenteils auf natürliche Prozesse zu verlassen und höchstens lenkend einzugreifen. Im sogenannten **Behandlungskonzept** werden alle vorgesehenen Eingriffe über die gesamte Umtriebszeit eines Baumes, Bestands oder einer Abteilung festgelegt.

Die waldbaulichen Eingriffe orientieren sich dabei an der natürlichen Wachstumsdynamik und dem Charakter der Zielbaumarten und werden situativ an die Rahmenbedingungen angepasst. Die konkreten waldbaulichen Massnahmen werden in Kapitel 6 behandelt.

Bei der Planung muss zudem beachtet werden, dass die Arbeiten im Wald teilweise an den Zyklus der Jahreszeiten gebunden sind. So erfolgt im Flachland die Holzerei (Holzernte) typischerweise im Winter, wenn der gefrorene Boden die Befahrbarkeit erhöht und aufgrund des geringen Saftflusses und der entlaubten Krone (bei Laubbäumen) bei der Holzerei weniger Schäden sowohl am geernteten Holz als auch an den im Wald verbleibenden Bäumen entstehen. Die Waldpflege hingegen wird hauptsächlich über die Sommermonate durchgeführt.

3.7.1 Wahl des Holzernteverfahrens

Die Wahl des Holzernteverfahrens spielt eine zentrale Rolle in der nachhaltigen Waldbewirtschaftung, da sie sowohl ökologische als auch ökonomische Aspekte beeinflusst. Unterschiedliche Verfahren wie das motormanuelle Fällen, der Einsatz von Forstmaschinen wie Harvestern (Vollernter) und Forwardern oder die Seilkrantechnik haben jeweils spezifische Vor- und Nachteile.

Ein zentraler Faktor ist die Boden- und Bestandschonung: Besonders in empfindlichen Waldgebieten oder auf erosionsgefährdeten Böden können ungeeignete Verfahren erhebliche Schäden verursachen. Gleichzeitig ist die Effizienz entscheidend, um den wirtschaftlichen Betrieb sicherzustellen. Moderne Maschinen wie Harvester ermöglichen eine schnelle und präzise Holzernte, ihre Anschaffungskosten sind jedoch hoch und für den effizienten Betrieb müssen die Maschinen genügend ausgelastet sein. Abhängig von den betrieblichen Strukturen, dem verfügbaren Maschinen- und Personalbestand und den auszuführenden Arbeiten wird bei der Holzernteplanung situativ das optimale Holzernteverfahren ermittelt, das sogenannte **Bestverfahren.**

Die Wahl des Holzernteverfahrens erfordert eine sorgfältige Abwägung zahlreicher Faktoren, die sowohl den behandelnden Bestand als auch die Nutzung, den Menschen, die Technik und die Umwelt betreffen. Hinsichtlich des Bestands spielen waldbauliche Überlegungen eine entscheidende Rolle: Die Baumarten, der Entwicklungszustand des Waldes, die Befahrbarkeit des Bodens und die vorhandene Erschliessung durch Wege oder Rückegassen sind wesentliche Kriterien. Auch die geplante Nutzung beeinflusst die Entscheidung. Hier sind Eingriffsart (zum Beispiel Durchforstung oder Endnutzung), die zu erntende Holzmenge, die angestrebten Sortimente und die Entfernung zu verfügbaren Lagerplätzen zentral.

Gleichzeitig müssen menschliche Faktoren berücksichtigt werden, etwa die ergonomische Gestaltung der Arbeit und die Sicherheit der Beschäftigten. Moderne Maschinen wie Harvester und Forwarder erfordern gut geschulte Fachkräfte, bieten jedoch höhere Arbeitssicherheit und Produktivität. Technische Aspekte wie die Mobilität der Maschinen, ihre Produktivität, die Systemkosten und die Eignung für das jeweilige Gelände müssen ebenfalls berücksichtigt werden.

Nicht zuletzt ist die Umweltverträglichkeit von grosser Bedeutung. Hierbei geht es um die Minimierung von Bodenschäden und die Vermeidung von Schäden am verbleibenden Bestand. Nur eine ausgewogene Berücksichtigung all dieser Aspekte ermöglicht eine nachhaltige und zugleich effiziente Waldbewirtschaftung, die den vielfältigen Ansprüchen gerecht wird.

Grosse Maschinen sind übrigens keineswegs folgenschwer für den Boden, denn neben dem hohen Gewicht verfügen sie auch über eine ausserordentlich grosse Standfläche, die zusätzlich mit Raupen oder Bogie-Bändern vergrössert werden kann. Ausserdem braucht es aufgrund der höheren Ladekapazität weniger Überfahrten der Rückegassen, um das Holz aus dem Bestand an die Waldstrasse zu rücken.

Viel wichtiger für die Frage des Bodenschutzes ist es, nie abseits der Rückegassen zu fahren, um Bodenverdichtungen ausserhalb der Transportachsen zu vermeiden. Dafür braucht es eine langfristige Feinerschliessungsplanung. Zudem sollten Rückegassen und Maschinenwege mittels Geodaten abgesichert und dokumentiert werden.

3.7.2 Durchführung einer Massnahme

Nachdem die Massnahmen festgelegt wurden, beginnt die Umsetzung. Typischerweise werden zu entnehmende Bäume dazu von den Forstfachleuten mittels eines farbigen Striches «angezeichnet» und damit für die spätere Entnahme markiert. Anschliessend wird der angezeichnete Holzschlag von der lokalen Forstequipe oder einem Forstunternehmen ausgeführt. Dazu werden zunächst die Bäume gefällt und aufgeastet, das heisst, die Äste am Hauptstamm werden entfernt. Danach werden die Stämme entweder ganz (Langholz) mit einem Kranfahrzeug oder einer Seilwinde an die nächstgelegene Rückegasse befördert oder aber die Stämme werden direkt im Bestand auf die gewünschte Länge (Kurzholz, oft 4 oder 5 m) eingekürzt und aus dem Bestand transportiert. Die Stämme werden an der Waldstrasse gelagert, bis sie mit Lastwagen zum Holzkäufer transportiert werden.

3.8 SECHSTER SCHRITT: ERFOLGSKONTROLLE

Zuletzt sollte jede Massnahme nach der Ausführung auf ihre Effektivität (Wurden die Ziele erreicht?) und ihre Effizienz (War das die günstigste Variante, um die Ziele zu erreichen?) überprüft werden. Wichtig ist dabei insbesondere die sanfte Anpassung der Behandlungsmethoden an die Erfahrungen aus der Bewirtschaftung. Eine Anpassung kann dabei sowohl über die Zielsetzung als auch über die Häufigkeit und Intensität der Eingriffe gesteuert werden.

Beispiel

In einem ungleichförmigen Wald sollen Lichtbaumarten, zum Beispiel die Eiche, verjüngt werden, wofür eine Lücke (500 m^2) im Bestand geschaffen wurde. Einige Jahre später zeigt sich bei der Erfolgskontrolle, dass sich in der Lücke trotz erfolgreicher Ansamung der Eiche vorwiegend Buchen und Berg-Ahorn etabliert haben. Nach genauerer Betrachtung wird vermutet, dass zu wenig Licht für die Lichtbaumarten vorhanden war. Bei einem anderen Eingriff mit derselben Zielsetzung werden in den folgenden Jahren grössere Lücken geschaffen, um dem Lichtbedarf der Eiche gerecht zu werden.

4 Aktuelle Situation

Offener Fichtenwald bei Glarus (GL).
Bild: LFI/WSL

Rund 32 Prozent der Schweiz sind bewaldet. Dieser Wald ist Lebensraum unzähliger Lebewesen. Er liefert Holz, bietet Schutz vor Naturgefahren und dient als Freizeitraum. Will man den Wald schützen und nachhaltig nutzen, braucht es objektive Bewertung seines Zustands und der Veränderungen hinsichtlich aller Waldleistungen.

4.1 LANDESFORSTINVENTAR

Seit 1983 hat das **Landesforstinventar LFI** die Aufgabe, objektive Informationen zu Waldfragen für Politik, Gesellschaft, Wirtschaft und Forschung auf nationaler Ebene bereitzustellen. Das LFI veröffentlicht unter anderem Ergebnisse zu Waldfläche, Stammzahl, Vorrat, Zuwachs, Nutzung, biologischer Vielfalt, Schutzwaldqualität und soziokulturellen Leistungen des Waldes. Das LFI wird von der Eidgenössischen Forschungsanstalt für Wald, Schnee und Landschaft WSL und vom Bundesamt für Umwelt BAFU durchgeführt. Die WSL ist verantwortlich für Forschung und Entwicklung, Planung, Datenerhebung, Analyse und wissenschaftliche Interpretation, das BAFU für die waldpolitische Auslegung.

Die Datenerhebung erfolgt auf Basis einer periodischen, systematischen Stichprobeninventur auf einem Netz von 1,4 × 1,4 Kilometern (eine Stichprobe pro 2 km^2). Dabei wird auf allen Punkten dieses Netzes, die auf einer Fläche mit Wald zu liegen kommen, eine Stichprobe genommen. Die rund 6500 Stichprobenflächen werden alle acht Jahre besucht und beprobt. Aktuell befinden wir uns in der fünften Inventurperiode (LFI5: 2018–2026). Durch diese Aufnahmemethodik können die Resultate nach Produktionsregionen und Höhenlagen aufgeschlüsselt werden.

Da die Resultate für die aktuelle Inventurperiode erst in einigen Jahren verfügbar sein werden, beziehen sich die Angaben in diesem Kapitel in der Regel auf die Resultate des LFI4, die 2020 publiziert wurden.

4.1.1 Waldfläche

Gemäss Waldbericht 2025 waren zum Erhebungszeitpunkt rund 32 Prozent der Landesfläche bewaldet (inklusive 1,7 % Gebüschwald). Dabei sind besonders die Alpensüdseite (55 %) und der Jurabogen (40 %) stark bewaldet. In den Voralpen (35 %), den Alpen (28 %) und im Mittelland (24 %) ist der Flächenanteil der Wälder etwas geringer. Auf die ganze Schweiz bezogen entspricht das einer Waldfläche von 1 317 000 Hektaren oder 13 170 Quadratkilometern. Von diesen Wäldern liegt knapp die Hälfte, 45 Prozent, in Tieflagen der kollinen, submontanen oder untermontanen Stufe. Die restlichen 55 Prozent liegen in höheren Lagen über etwa 1000 Meter über Meer.

Seit 150 Jahren steigt die Waldfläche der Schweiz. Über das letzte Jahrzehnt betrug die jährliche Zunahme durchschnittlich rund 2300 Hektaren. In der Region Alpen war die Zunahme wegen der Höhenverschiebung der Waldgrenze aufgrund des Klimawandels und der Vergandung aufgegebener Alpwirtschaften mit 1,3 Prozentpunkten am grössten, während der Waldanteil im Mittelland ungefähr konstant geblieben ist.

Abb. 4.1 Karte des Waldareals der Schweiz. Daten: © Swisstopo

4.1.2 Standortstypen und natürliche Vegetationsgesellschaft

Entsprechend den vorkommenden Standortstypen würden unter natürlichen Bedingungen deutlich über die Hälfte der LFI-Stichproben (64,3 %) aus laubholzdominierten Wäldern bestehen. Dazu gehören Buchenwälder (28,1 %), Tannen-Buchenwälder (17,3 %) und übrige Laubwälder (18,9 %). Natürliche Nadelwaldstandorte machen nur knapp 36 Prozent der Schweizer Waldfläche aus, verteilt auf Tannen-Fichtenwälder (11,3 %), Fichtenwälder (13,4 %), Arven- und Lärchenwälder (6,8 %) und Föhrenwälder (4,1 %).

Der Vergleich mit den effektiven Flächenanteilen zeigt jedoch ein ganz anderes Bild. Tatsächlich machen laubholzdominierte Wälder nur knapp 38 Prozent der gesamten Waldfläche aus und über 60 % werden von Nadelholz dominiert. Dieser Unterschied ist weitgehend durch den historischen Fokus auf die Fichte als «Brotbaum» zu erklären. In der Vergangenheit wurden durch Pflanzung und waldbauliche Förderung der Fichte ausgedehnte reine Fichtenbestände geschaffen. Da die Umtriebszeit der Fichte meist deutlich über 100 Jahren liegt (in Hochlagen noch länger), existieren viele dieser Bestände heute noch und prägen weiterhin das Waldbild vieler Regionen.

Die Trendwende zum naturnahen Waldbau wurde dabei in den meisten Fällen bereits in den letzten Jahrzehnten vollzogen. Heute werden im Mittelland kaum noch Fichten gepflanzt und auch bei der natürlichen Verjüngung hat die Fichte aufgrund des hohen Ausfallrisikos meist keine Priorität mehr. Aufgrund der langen Produktionszeiten dauert es jedoch viele Jahrzehnte, bis sich diese Veränderung flächendeckend bemerkbar macht.

4.1.3 Naturnähe/Standortsangepasstheit

Die Baumartenzusammensetzung der Schweizer Wälder wird sowohl durch die Umweltbedingungen als auch durch die jahrhundertelange forstwirtschaftliche Nutzung beeinflusst, was zu unterschiedlichen Graden der Natürlichkeit führt.

Gemäss Waldbericht 2025 weisen etwa 45 Prozent der Schweizer Wälder eine Baumartenzusammensetzung auf, die als «nicht natürlich» eingestuft wurde. Gerade mal 30 Prozent der Stichproben wurden als «natürlich» beurteilt; 13 Prozent als «naturnah» und 12 Prozent als «teilweise natürlich». Die überwiegende Mehrheit (65 %) der als «nicht natürlich» klassifizierten Wälder besteht aus potenziellen Buchenwäldern und anderen Laubwäldern, die derzeit von Nadelholz dominiert werden, wie zum Beispiel die verbleibenden Fichtenbestände im Mittelland.

Insgesamt hatten als «natürlich» eingestufte Wälder ein signifikant geringeres Risiko für Bestandsstörungen. Natürliche Buchenwälder und andere Laubwälder waren im Vergleich zu nicht natürlichen Beständen (mit Nadelbäumen aufgeforstet) auf denselben Standortstypen signifikant weniger von Störungen wie Insektenbefall und Windwurf betroffen.

4.1.4 Vorrat und Baumarten

Das kolossale Ausmass der historischen Fichtenförderung zeigt sich auch beim Vorrat. Die Fichte macht mit rund 177 Millionen Kubikmetern allein gut 42 Prozent des gesamtschweizerischen Holzvorrats von rund 420 Millionen Kubikmetern aus. Eigentlich sollte sie nur auf knapp 25 Prozent der Fläche dominieren und dies vorwiegend auf Standortstypen der hochmontanen und subalpinen Höhenstufen, die weniger wüchsig sind.

Die gemäss dem Vorrat häufigsten Baumarten der Schweiz sind Fichte (42 %), Buche (18 %) und Tanne (16 %), die gemeinsam über 75 Prozent des gesamten Holzvorrats ausmachen. Mit einigem Abstand folgen Lärche (6.4 %), Esche (3.5 %), Ahorn (3.5 %), Föhre (2.5 %) und Eiche (1.9 %). Der überraschend hohe Anteil der Lärche, die natürlicherweise hauptsächlich in der obersubalpinen Stufe vorkommt, ist ebenfalls ein Relikt historischer Waldbewirtschaftung. Die für ihr äusserst hochwertiges Holz geschätzte Baumart wurde schon früh auch in tieferen Lagen kultiviert. Dort kann die Lärche, solange die Konkurrenz anderer Baumarten waldbaulich kontrolliert wird, eine gute Wachstumsleistung erzielen.

Durchschnittlich stehen in der Schweiz auf einer Hektare rund 350 Tariffestmeter Holz. Dieser Wert ist über das letzte Jahrhundert stark gestiegen. Der aktuelle Durchschnittsvorrat gehört zu den höchsten Mitteleuropas.

4.1.5 Struktur

Rund 25 Prozent der Schweizer Wälder weisen eine ungleichförmige oder stufige Struktur auf, Tendenz steigend. Die Mehrheit der ungleichförmigen Bestände verdankt die ungleichförmige Struktur hauptsächlich den gezielten und wiederholten waldbaulichen Eingriffen. Ohne Eingriffe würden sich viele davon in Richtung gleichförmiger Bestände entwickeln. Wälder in den Hochlagen (subalpine und obersubalpine Stufe) oder auf besonderen Standorten (zum Beispiel auf Blockschutt) neigen hingegen auch natürlicherweise zu einer ungleichförmigen Struktur, da die schwierigen Umweltbedingungen keine flächige Entwicklung der Verjüngung zulassen.

4.1.6 Zuwachs und Holzernte

Der jährliche Holzzuwachs auf der gesamten Waldfläche beträgt rund 10,6 Millionen Kubikmeter, was einem durchschnittlichen Flächenzuwachs von rund 9,0 Kubikmetern pro Hektare entspricht. Der durchschnittliche Zuwachs variiert stark mit der Produktionsregion und beträgt im Mittelland 13,2 Kubikmeter pro Hektare, auf der Alpensüdseite hingegen nur 6,2 Kubikmeter pro Hektare.

Geerntet wurden gemäss dem vierten Landesforstinventar schweizweit jährlich gut 7 Millionen Kubikmeter Holz. Dabei handelt es sich aber nicht um eine direkte Messung, sondern um eine Schätzung aufgrund der festgestellten Nutzungen auf den LFI-Stichprobenflächen.

Gemäss dem Forstwirtschaftlichen Testbetriebsnetz (TBN) wurden seit 2015 jährlich rund 5 Millionen Festmeter Holz geerntet. Davon 2,45 Millionen Stammholz, 0,55 Millionen Industrieholz und 1,98 Millionen Energieholz. Von der Nutzung stammen immer noch 66 Prozent von Nadelholz. Dabei ist anzumerken, dass im Testbetriebsnetz Nutzungen im Privatwald, die von den Privatwaldeigentümer:innen (PWE) selbst ausgeführt werden, nicht berücksichtigt werden. Deshalb fällt die Zahl so viel tiefer aus als beim LFI.

4.1.7 Holznutzung

Gemäss dem Jahrbuch Wald und Holz weist die mengenmässige Aussenhandelsbilanz 2022 einen Importüberschuss von 1,55 Millionen Kubikmetern auf. Die Einfuhr von Holz und holzbasierten Produkten betrug 5,55 Millionen Kubikmeter und die Ausfuhren rund 4 Millionen Kubikmeter. Dabei handelt es sich nur bei einem kleinen Teil der Importe um Produkte, für die das Holz nicht in der Schweiz produziert werden könnte (beispielsweise Tropenholz, das bei uns nicht wächst). Vielmehr wird auch günstiges Konstruktionsholz aus dem Ausland eingekauft.

Der Vergleich mit dem geschätzten Holzzuwachs zeigt, dass noch unerschlossenes Potenzial in der einheimischen Waldbewirtschaftung steckt. Demnach könnte die Holznutzung um mindestens 3 Millionen Kubikmeter gesteigert und einer inländischen Nutzung zugeführt werden, ohne die Nachhaltigkeit unserer Wälder zu gefährden.

4.1.8 Erschliessung

Die forstliche Erschliessung ist ein kritischer Kostenfaktor für die Waldbewirtschaftung. Die Kosten sowohl für die Waldpflege als auch für Holzerei, Rücken und Transport sind im schlecht erschlossenen Gelände deutlich höher.

Die Gesamtlänge der lastwagenbefahrbaren Waldstrassen in der Schweiz beträgt 31 557 Kilometer, was einer Waldstrassendichte von 25,7 Meter pro Hektare entspricht. Davon sind mehr als zwei Drittel für Lastwagen mit vier Achsen und einem Gesamtgewicht von mindestens 28 Tonnen geeignet, was als Standard für den effizienten Holztransport gilt. Unter Berücksichtigung der einsetzbaren Ernteverfahren (bodengestützt, Seilkran oder Helikopter) gilt knapp die Hälfte (46 %) der Schweizer Wälder als gut, 29 Prozent als mässig gut und 25 Prozent als schlecht erschlossen. Im Mittelland (98 %) sowie im Jura (94 %) und in den Voralpen (87 %) ist fast die gesamte Waldfläche mindestens mässig gut erschlossen. In den Alpen (56 %) und auf der Alpensüdseite (46 %) ist dies hingegen nur für etwa die Hälfte der Waldfläche der Fall.

4.1.9 Vorrangfunktionen

Gemäss Waldbericht 2025 ist in rund 44 Prozent der Wälder die Schutzfunktion prioritär. Auf weiteren knapp 13 Prozent steht der Natur- und Landschaftsschutz, der Wildschutz oder der Trinkwasserschutz im Vordergrund und rund 2 Prozent der Wälder dienen hauptsächlich der Erholung. Schliesslich gibt es auf rund 38 Prozent der Wälder keine andere übergeordnete Funktion. Dort steht die nachhaltige Holzproduktion im Vordergrund.

4.2 TRENDS AUS DEM LFI5

Die 2023 publizierten Zwischenresultate des laufenden LFI5 beleuchten verschiedene Trends im Schweizer Wald. Was kommt also auf den Schweizer Wald zu?

Die lang anhaltenden trockenen und warmen Verhältnisse während der Vegetationszeit haben seit 2018 deutlich messbare Veränderungen im Wald verursacht, die sich in einer höheren Anzahl toter und geschädigter Bäume zeigen. In einigen Regionen wachsen zudem zu wenige junge Bäume nach. Diese Entwicklungen werden besonders dann problematisch, wenn die gesetzlich verankerten Waldfunktionen nicht mehr gewährleistet werden können.

Viele Wälder in höheren Lagen und auf der Alpensüdseite sind in den letzten Jahrzehnten deutlich dichter geworden. Dies ist vor allem darauf zurückzuführen, dass viele dieser Wälder kaum oder gar nicht mehr bewirtschaftet wurden, seitdem die Bewirtschaftung kaum mehr kostendeckend möglich ist. In diesen ausserordentlich dichten Beständen fällt nicht genügend Sonnenlicht auf den Boden, um eine angemessene Verjüngung zu ermöglichen. In einigen Regionen wachsen deshalb zu wenige junge Bäume nach. Dieser Trend verschärft die Wald-Wild-Problematik, da sich aufgrund des mangelnden Äsungsangebots in den sehr dichten Beständen der Wildverbiss auf

Abb. 4.2 Karte der Vorrangfunktionen auf den Probeflächen des Landesforstinventars LFI4. Quelle: LFI

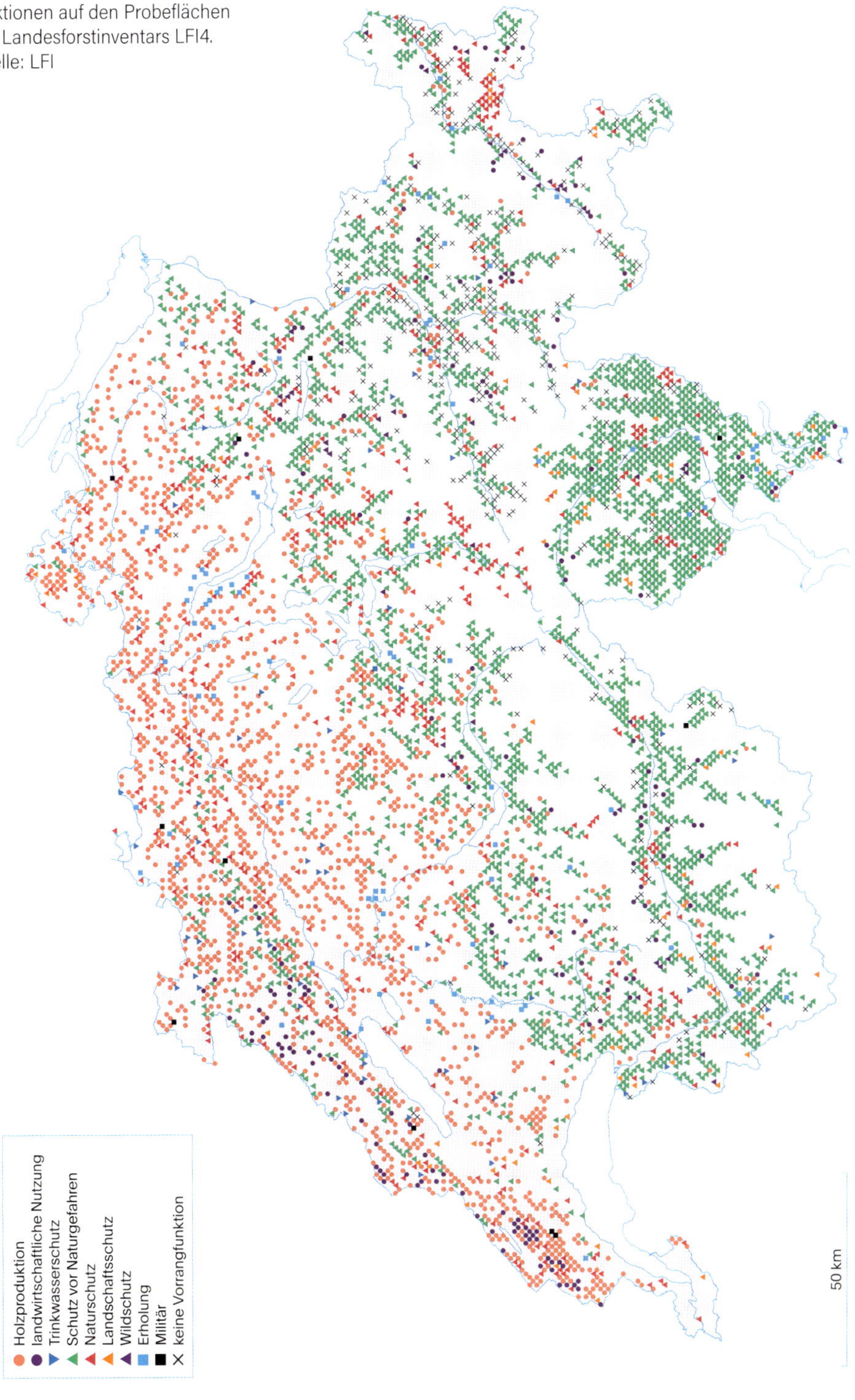

die wenigen vorhandenen Verjüngungsflächen konzentriert und damit selbst unter günstigen Lichtbedingungen die Waldverjüngung erschwert oder unmöglich macht. Das Ausmass des Wildverbisses ist seit dem LFI2 (1995) stetig gestiegen und seit dem LFI4 (2017) auf konstant hohem Niveau geblieben.

Der Zwischenbericht hebt ausserdem den überragenden Einfluss des Klimawandels auf die zukünftige Waldentwicklung hervor. Da sich die Standortfaktoren, darunter insbesondere die Wasserverfügbarkeit, verändern, wenn es durch den Klimawandel wärmer wird, werden in Zukunft zum Teil andere Baumarten die Waldfunktionen erfüllen müssen. Damit diese zukunftsfähigen Baumarten aufkommen können, müssen die Wälder verjüngt werden, und zwar unter Bedingungen, die das Aufwachsen ebendieser Zukunftsbaumarten fördern. Die Verjüngung ist damit ein Schlüsselelement für die Anpassung der Wälder an den Klimawandel (siehe Kapitel 5.8).

Die Kombination aus zunehmender Störungsanfälligkeit der überalterten Bestände und fehlender Verjüngung ist ein Risiko für die nachhaltige Schutzleistung des Waldes. Denn wenn zu grosse Lücken im Schutzwald entstehen, kann die Schutzwirkung bis zum Aufwachsen der Verjüngung nicht gewährleistet werden.

Der Klimawandel stellt auch für die Biodiversität eine Gefahr dar und erhöht für viele Arten die Wahrscheinlichkeit auszusterben. Die Folgen von Störungen wie Stürmen und Trockenheit können jedoch auch eine Chance für die Biodiversität bieten. Durch die Zunahme des Totholzanteils und die Entstehung grösserer Öffnungen im Wald entwickeln sich vielfältige Lebensräume für zahlreiche Insekten-, Tier- und Pflanzenarten. Mit dem zunehmenden Auftreten von Extremereignissen zeigt sich auch die Bedeutung der Biodiversität für die Anpassung an den Klimawandel. Standortgerechte Baumarten und eine hohe Struktur- und Artenvielfalt auf unterschiedlichen räumlichen Skalen erhöhen die Widerstandsfähigkeit des Waldes.

4.2.1 Aktuelle Entwicklung Waldressourcen und Holzproduktion

Von den drei Hauptbaumarten der Schweiz – Fichte, Buche und Tanne – sind sowohl die Bestände der Fichte (Jura, Mittelland und Voralpen) als auch die der Buche (Jura) zurückgegangen. Es ist zu erwarten, dass sich die Fichte mit den veränderten klimatischen Bedingungen weiter in die höheren Lagen zurückziehen wird. Die empfindlichen Fichtenbestände sind, besonders in den tieferen Lagen, bereits durch Borkenkäferbefall und die damit verbundenen Zwangsnutzungen stark beeinträchtigt. Im Jura sind die Standortbedingungen aufgrund der flachen und durchlässigen Böden zusätzlich herausfordernd. Besonders auf diesen Böden zeigen sowohl die Tanne als auch die Buche immer deutlichere Schwächeanzeichen. Allen Herausforderungen zum Trotz ist der Holzvorrat aber insgesamt immer noch hoch.

Das BAFU empfiehlt deshalb zu überprüfen, ob in den Gebieten mit einer klimagefährdeten Baumartenzusammensetzung (siehe Kapitel 5.7) ausnahmsweise für gewisse Zeit mehr Holz genutzt werden soll als nachwächst, damit die Bestände schneller an die veränderten Standortbedingungen angepasst werden können. Auch in höheren Lagen und auf der Alpensüdseite brauche es Anpassungsmassnahmen, damit die dichten und wenig bewirtschafteten Wälder verjüngt werden können.

4.3 WEM GEHÖRT DER WALD?

Der Wald gehört einer sehr grossen Zahl unterschiedlicher Besitzerschaften. Rund 245 000 Privatpersonen (Privatwaldeigentümer:innen, PWE) besitzen insgesamt etwa 29 Prozent der Schweizer Waldfläche. Die restlichen 71 Prozent sind in öffentlichem Besitz und gehören dem Bund, den Kantonen, politischen Gemeinden, Bürgergemeinden und Korporationen. Der Privatwaldanteil liegt dabei in den Voralpen (51,2 %) und im Mittelland (40,6 %) deutlich über dem Schweizer Durchschnitt.

4.3.1 Ziele der Waldbesitzenden

In einer breit angelegten Befragung hat das BAFU 2018 die Besitzerschaft (öffentlich und privat) der Schweizer Wälder zu ihren Idealen und Bewirtschaftungsansätzen befragt. Dabei kam heraus, dass ein «gesunder und stabiler Wald» das mit Abstand wichtigste Ziel (95 %) der PWE ist. Darauf folgten die Filterfunktion des Waldes für Trinkwasser (64 %) und die Produktion von Energieholz (63 %). Die Produktion von Stamm- und Industrieholz lag erst auf dem sechsten Platz und war nur für gut 40 Prozent der Privatwaldbesitzenden ein wichtiges Bewirtschaftungsziel.

Der Wald stellte ausserdem nur für rund ein Viertel der PWE eine Einkommensquelle dar. Über 50 Prozent der PWE gaben an, keine Einnahmen aus der Waldbewirtschaftung zu ziehen, für die restlichen 25 Prozent war die Waldbewirtschaftung sogar ein Verlustgeschäft.

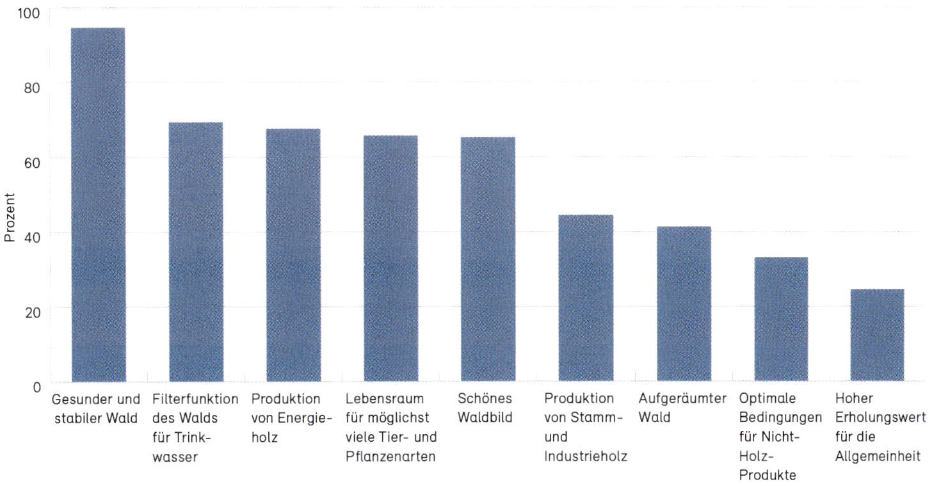

Abb. 4.3 Ziele der PWE bezüglich Nutzung ihres Waldes. Häufigkeiten der Antworten «eher wichtig» und «wichtig» in Prozent, nur PWE, die sich Gedanken zu den mit ihrem Wald verfolgten Zielen gemacht haben (65 % der PWE). Aus: Die Eigentümerinnen und Eigentümer des Schweizer Waldes, BAFU, 2018

Für öffentliche Waldbesitzende (ÖWE) standen ebenfalls die Waldgesundheit und die Filterfunktion zuoberst auf der Prioritätenliste. Darauf folgte der Lebensraum für möglichst viele Tier- und Pflanzenarten. Die Produktion von Stamm- und Industrieholz fand sich auf dem dritten Platz, direkt vor der Produktion von Energieholz. Bei der Rentabilität der Waldbewirtschaftung war insbesondere die bewirtschaftete Fläche von Bedeutung: Wo 68 Prozent der ÖWE mit einer Waldfläche von weniger als 50 Hektaren angaben, mit ihrem Wald kein Einkommen zu generieren oder Verluste zu schreiben, waren es bei den ÖWE mit mehr als 50 Hektaren Waldfläche noch zwischen 46 und 50 Prozent.

Dieser Unterschied ist einerseits auf Skaleneffekte zurückzuführen, die die grossflächige Waldbewirtschaftung aufgrund der geringeren Wegzeiten und besserer Maschinenausnutzung kostengünstiger möglich macht. Andererseits ist die negative Bilanz vielerorts auch das Produkt der Vermischung öffentlicher und privater Leistungen und der Wechselwirkung zwischen Lokalpolitik und der Waldbewirtschaftung, wobei Leistungen gegenüber den Trägergemeinden zum Teil nicht oder lediglich zu einem internen Tarif verrechnet werden und deshalb nicht in der Bilanz auftauchen.

4.4 DIE WALD- UND HOLZBRANCHE ALS ARBEITSPLATZ

Schweizweit sind rund 96 000 Personen in der Wald- und Holzwirtschaft beschäftigt. Etwa 6200 (ungefähr 5300 Vollzeitäquivalente) sind direkt in der Forstwirtschaft sowie in Dienstleistungsunternehmen für die Forstwirtschaft tätig, was rund 4,2 Vollzeitäquivalenten pro 1000 Hektaren Wald entspricht. Der Grossteil der in der Wald- und Holzwirtschaft tätigen Personen arbeitet entlang der Wertschöpfungskette in der Holzwirtschaft, also in der Holzbearbeitung oder -verarbeitung sowie in der Papier- und Kartonindustrie.

4.5 ÖKONOMISCHE RAHMENBEDINGUNGEN

Die ökonomischen Rahmenbedingungen der Waldbewirtschaftung in der Schweiz sind prekär und bedürfen einer genaueren Betrachtung. Das forstwirtschaftliche Testbetriebsnetz (TBN) umfasst eine Stichprobe von 160 öffentlichen Forstbetrieben, deren wirtschaftliche Situation detailliert erfasst wird. Daraus können Durchschnittswerte sowohl für unterschiedliche Produktionsregionen als auch für die ganze Schweiz berechnet werden.

Die lokalen Produktionsbedingungen in der Schweiz sind durch kleinräumige Besitzverhältnisse, hohe Lohnkosten und hohe Ansprüche an Naturnähe, Biodiversität und Erholung gekennzeichnet. Dies führt dazu, dass die Holzerntekosten in der Schweiz deutlich über denen in Deutschland und Österreich liegen, die erzielten Holzpreise sind jedoch ähnlich. Im Flachland ist die Holzernte zum Teil mechanisierbar und der Holztransport verhältnismässig kostengünstig. Die Holzerntekosten (Fällen

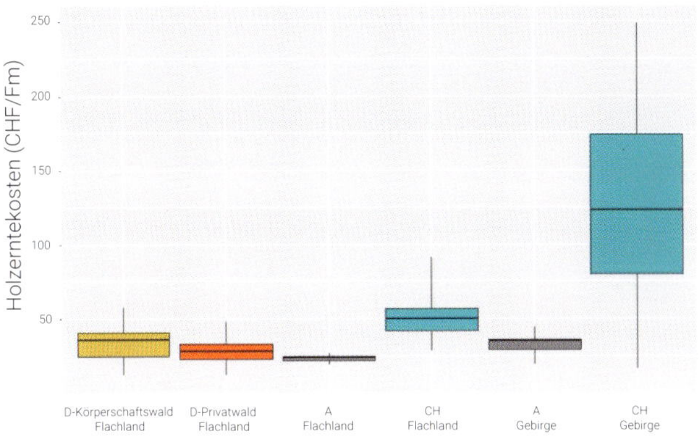

Abb. 4.4 Streuung der Holzerntekosten der Flachland- und Gebirgsforstbetriebe in der DACH-Region im Jahr 2018. Aus: Bürgi et al., Forstwirtschaftliches Testbetriebsnetz der Schweiz: Ergebnisse der Jahre 2017–2019, 2021

Querlinie = Median
Farbige Box = Bereich, in dem die Holzerntekosten von 25–75 % der Betriebe liegen
Längslinien = Minimal- bzw. Maximalwerte

und Rücken) belaufen sich im Mittelland auf durchschnittlich 50 CHF pro Tariffestmeter und liegen damit etwa 100 Prozent höher als in Österreich und rund 50 Prozent höher als in Deutschland.

Im Gebirge ist aufgrund des schwierigen Geländes einerseits die Holzerei aufwendiger und kaum mechanisierbar, andererseits ist es schwierig, das Holz sicher zu den Transportwegen zu rücken. Meistens kann dies nur mit einem Seilkran erreicht werden, mit erheblichem Mehraufwand. In den Gebirgsregionen belaufen sich gemäss TBN die durchschnittlichen Holzerntekosten auf rund 125 CHF pro Tariffestmeter und liegen damit bereits deutlich über dem erwarteten durchschnittlichen Holzerlös (durchschnittlicher Erlös pro Festmeter verkauftem Holz). Der Fakt, dass selbst Holzernte und -transport meist nicht kostendeckend möglich sind, verdeutlicht die problematische finanzielle Situation der Waldbewirtschaftung. Dabei wurden sogar die vergangenen Investitionen (Pflegeeingriffe, Kosten der Verjüngung usw.) noch gar nicht berücksichtigt.

Ein ähnliches Bild zeigt der Vergleich des wirtschaftlichen Erfolgs der Waldbewirtschaftung. Selbst im Flachland wird nur ein durchschnittlicher holzerntekostenfreier Erlös von knapp 20 CHF pro Tariffestmeter erzielt. Unter Berücksichtigung der übrigen Betriebskosten (Waldpflege, Strassenunterhalt usw.) resultiert für den Gesamtbetrieb dennoch ein jährlicher Verlust von rund 300 CHF pro Hektare. Werden die öffentlichen Beiträge an die Waldbewirtschaftung berücksichtigt, reduziert sich der Verlust auf etwa 150 CHF pro Hektare.

Im Gebirgswald ist bereits die Holzernte kaum kostendeckend möglich. Der durchschnittliche holzerntekostenfreie Erlös liegt bei ungefähr –50 CHF pro Tariffestmeter. Erstaunlicherweise ist das Betriebsergebnis der gesamten Waldbewirtschaftung trotz der höheren Holzerntekosten insgesamt etwas besser als im Flachland. Mit Subventionen liegt der durchschnittliche jährliche Verlust zwischen 50 und 100 CHF pro Hektare.

Abb. 4.5 Holzerntekostenfreie Erlöse pro Festmeter und Erfolg in der Waldbewirtschaftung der Flachland- und Gebirgsforstbetriebe in der DACH-Region 2015–2018. Aus: Bürgi et al., Forstwirtschaftliches Testbetriebsnetz der Schweiz: Ergebnisse der Jahre 2017–2019, 2021

Diese Diskrepanz stammt vermutlich vor allem daher, dass im Gebirge nur die nötigsten Eingriffe gemacht werden und dass Eingriffe im Schutzwald konsequent subventioniert werden. Betriebe im Flachland müssen öfters Eingriffe zugunsten der Besuchersicherheit durchführen und müssen ein dichteres Wege- und Strassennetz unterhalten. Die kleinräumigen Besitzverhältnisse und die intensive Erholungsnutzung im Mittelland führen ausserdem zu häufigeren, aber feineren Eingriffen, die aufgrund der geringen anfallenden Holzmenge die Pflege- und Holzerntekosten erhöhen. Insgesamt ist also eine kostendeckende multifunktionale Waldbewirtschaftung unter den heutigen Rahmenbedingungen kaum möglich.

Die Waldbewirtschaftung hat neben der Holzproduktion aber auch einen positiven Einfluss auf die Erbringung anderer Waldleistungen und auf die Anpassungsfähigkeit der Wälder an den Klimawandel (siehe Kapitel 5.9). Da diese Leistungen jedoch meistens nicht abgegolten werden, resultiert daraus ein Verlust auf Kosten der Waldbesitzenden. Oder aber die Waldpflege und weitere Arbeiten zugunsten der Öffentlichkeit werden auf ein absolutes Minimum reduziert beziehungsweise ganz eingestellt. Ein bewährtes Mittel gegen die Einstellung der Bewirtschaftung sind gezielte Beiträge an die Waldbewirtschaftung für die Erbringung nicht abgegoltener Waldleistungen.

Die Waldbewirtschaftung in der Schweiz wird jährlich mit rund 180 Millionen CHF an Bundesgeldern unterstützt. Davon fliesst weit über die Hälfte in den Schutz vor Naturgefahren (Gefahrengrundlagen und Schutzwaldbewirtschaftung). Für die Waldbiodiversität und die Waldbewirtschaftung (inklusive Erholungsleistung) bleiben nur etwa 50 Millionen CHF, was einem Flächenbeitrag von weniger als 40 CHF pro Hektare und Jahr entspricht.

4.6 ORGANISATION DER WALDBEWIRTSCHAFTUNG UND WALDPLANUNG

Grundsätzlich entscheiden die Waldbesitzenden über die Bewirtschaftung ihres Waldes. Ausserhalb der Schutzwälder kennt die Schweiz keine Bewirtschaftungspflicht, es wird also den Waldbesitzenden überlassen, ob und wie sie ihre Wälder pflegen und bewirtschaften wollen. Die Forstbetriebe sind demnach Dienstleistende gegenüber den Waldbesitzenden und sind in der Regel nicht selbst Eigentümer der von ihnen bewirtschafteten Waldflächen.

Auf nationaler Ebene ist das Bundesamt für Umwelt BAFU zuständig für die Waldgesetzgebung, die durch kantonale und kommunale Gesetze und Verordnungen präzisiert wird. Bezüglich der waldbaulichen Planung ist in der Regel der Kanton die höchste Organisationsstufe.

Der Waldentwicklungsplan (WEP) ist dabei das eigentliche waldpolitische Führungsinstrument der Kantone. Die ökologischen, ökonomischen und sozialen öffentlichen Interessen am Wald werden überbetrieblich und behördenverbindlich festgelegt. Ausserdem wird im WEP die Koordination zu anderen Sachplanungen wie der Raum- und Landschaftsplanung sichergestellt. Im WEP werden die Vorrangfunktionen (siehe Kapitel 1.8) definiert und er sorgt für ein Mindestmass an überregionaler Abstimmung bei der Waldplanung.

Die forstliche Betriebsplanung hingegen dient primär der Optimierung der Leistungserstellung im Forstbetrieb. Der Betriebsplan dient als periodische Standortbestimmung und ist für mittelfristige strategische und operative Überlegungen auf Betriebsebene zentral. Darin werden Grundsätze für den Waldbau, die Infrastruktur, den Personal- und Unternehmereinsatz sowie für die Finanzen umschrieben und festgelegt, mit welchen Massnahmen die Betriebsziele und die Vorgaben des Waldgesetzes umgesetzt werden sollen.

Ein zentraler Teil des Betriebsplans ist üblicherweise eine sogenannte Bestandskarte (oder Karte der Abteilungen/Bewirtschaftungseinheiten in Dauerwaldbetrieben oder dem ganzen Kanton Neuchâtel). Die Bestandskarte gehört zum zweiten Schritt der Waldplanung (siehe Kapitel 3.4) und gibt einen Überblick über den aktuellen Zustand des Waldes. Die Bestandskarte dient der Kontrolle der Waldentwicklung sowie der Organisation der Waldarbeiten. Darauf wird die zu bewirtschaftende Waldfläche dargestellt und in unterschiedliche Bewirtschaftungseinheiten eingeteilt. Die Bestandskarte erfasst für jede Bewirtschaftungseinheit die allfällige Vorrangfunktion sowie Entwicklungsstufe, Holzvorrat, Mischungsart und -grad.

4.7 HERAUSFORDERUNGEN

Insgesamt steht der Schweizer Wald also vor grossen Herausforderungen. Insbesondere der rasch fortschreitende Klimawandel und die damit verbundene Häufung von Extremereignissen wird das Antlitz unserer Wälder in den kommenden Jahrzehnten radikal verändern. Ohne gezielte Anpassungsmassnahmen wird es vielerorts zu flächigen Ausfällen und damit zu einem kurz- bis mittelfristigen Unterbruch in der Bereitstellung der Waldleistungen kommen. Insbesondere im Schutzwald ist jedoch selbst ein kurzzeitiger Unterbruch der Schutzfunktion nicht akzeptabel. Ist die Schutzfunktion zeitweise nicht gewährleistet, müssen technische Massnahmen ergriffen werden, die ein Vielfaches der präventiven Schutzwaldpflege kosten.

Vor allem die Gebirgswälder sind aktuell stark unter Druck. Die vielerorts weiterhin untragbar hohen Wildbestände führen in Kombination mit dem Pflegerückstand und den häufig überalterten und unnatürlich dichten Waldbeständen (oft aus früheren Fichtenplantagen) dazu, dass sich in weiten Teilen des Gebirges keine zukunftsfähige Verjüngung etablieren kann.

Dies ist besonders heikel, da für diese Höhenlagen überproportional starke Klimaveränderungen vorausgesagt werden. Vor allem dort ist es also schon heute wichtig, zukunftsfähige Baumarten zu fördern und die überalterten Wälder progressiv zu verjüngen. In diesen Gebieten ist jedoch aufgrund der schwierigen Topografie vielerorts nicht einmal die Holzernte kostendeckend möglich, geschweige denn die Waldpflege. Ohne eine bedeutende Erhöhung der Subventionen an die Waldbewirtschaftung oder eine effektive Inwertsetzung der weiteren Waldleistungen wird die nötige Anpassungsgeschwindigkeit nicht zu bewerkstelligen sein. Dazu mehr im nächsten Kapitel.

5 Der Schweizer Wald im globalen Wandel

Offener Wald mit Birke und Lärchen bei Lavertezzo (TI) mit Ausblick auf fichtendominierte Bergtäler. Bild: LFI/WSL

Durch den sehr rasch verlaufenden **globalen Wandel** (Klimaveränderung, Stickstoffdeposition, erhöhter CO_2-Gehalt der Atmosphäre, neue Schadorganismen usw.) werden die Wachstumsbedingungen respektive Produktionsbedingungen innert kürzester Zeit – aus der Perspektive einer Baumgeneration – verändert. Um dieser Veränderung gerecht zu werden, müssen auch die Überlegungen zur Waldbewirtschaftung (Standort, Verjüngung, Naturnähe usw.) angepasst werden. Unter diesen Bedingungen (schnelle Veränderung) ist das Lernen aus der Vergangenheit sowie aus individuellen Erfahrungen nur noch sehr eingeschränkt möglich.

Notwendig sind also Methoden, die in die Zukunft blicken. Folglich erhalten Modelle eine grosse Bedeutung, vom Gedankenmodell im Kopf der Waldfachleute über Artverbreitungsmodelle bis hin zu dynamischen Modellen. Letztlich liefern sie eine Vorstellung der zukünftigen Bedingungen. Nur so können die erwarteten Entwicklungen in die heutige Entscheidungsfindung integriert werden.

5.1 BEREITS EINGETRETENE VERÄNDERUNGEN

In der Schweiz wird es immer wärmer. Seit Beginn der Aufzeichnungen im Jahr 1864 ist die Jahresmitteltemperatur in der Schweiz um etwa 2,9 Grad Celsius gestiegen (Stand 2025). Die beobachtete Erwärmung in diesem Zeitraum ist damit etwa doppelt so stark wie der globale Durchschnitt von knapp 1,5 Grad Celsius.

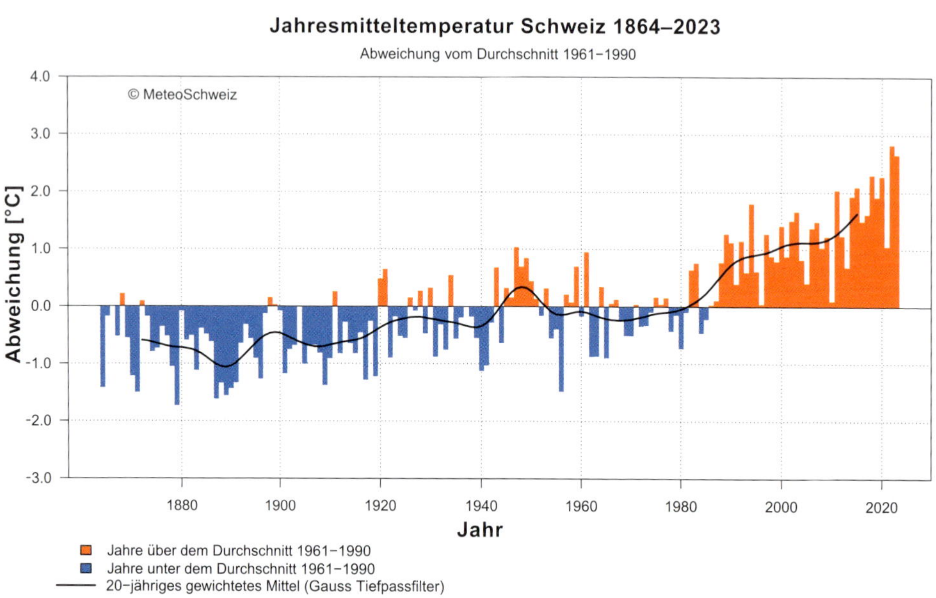

Abb. 5.1 Historische Entwicklung der Jahresmitteltemperatur in der Schweiz von 1864 bis 2024

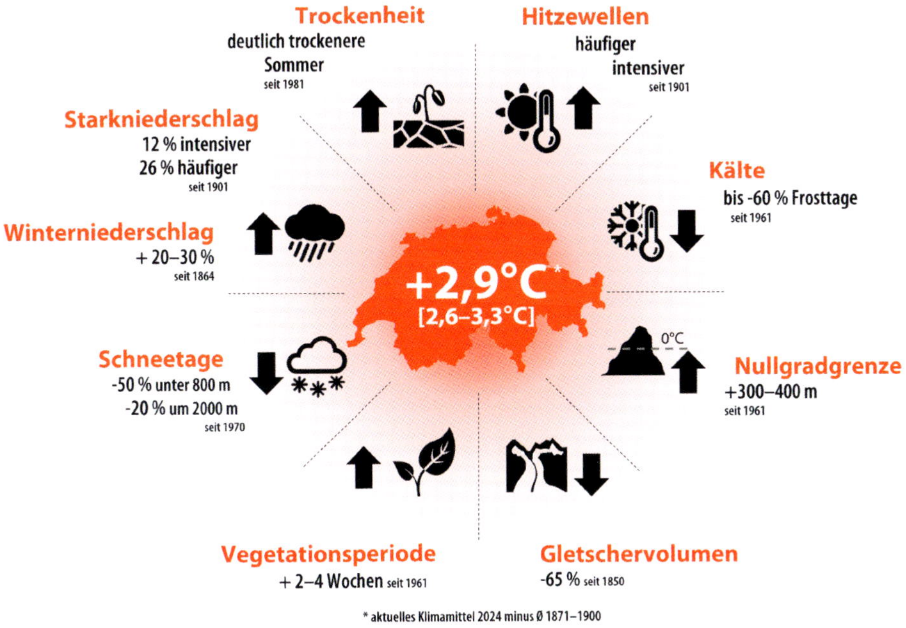

Abb. 5.2 Wichtige Veränderungen des Schweizer Klimas basierend auf Beobachtungsdaten. © BAFU/MeteoSchweiz, 2025

Dass die Schweiz die globale Erwärmung überproportional zu spüren bekommt, hat verschiedene Gründe. Eine entscheidende Rolle spielen die Entfernung zum Meer und seine ausgleichende Wirkung auf die Temperatur sowie der hohe Anteil an Bergen, die besonders bei flachen Einstrahlungswinkeln (im Winter) mehr Wärme absorbieren können. Ausserdem reduziert der Gletscherrückgang die Ausdehnung von Schneeflächen, die einen höheren Anteil des Sonnenlichts und der Wärme reflektieren (Albedo-Effekt).

Abbildung 5.2 zeigt die bereits heute feststellbaren Veränderungen des Klimas über unterschiedliche Zeiträume. Mit der gemessenen Erwärmung von rund 2,9 Grad Celsius seit Beginn der Aufzeichnungen (1864) hat beispielsweise das Gletschervolumen trotz höherer Winterniederschläge im Vergleich zu 1850 um 65 Prozent abgenommen. Die Null-Grad-Grenze hat sich seit 1961 um 300 bis 400 Meter nach oben verschoben und die Anzahl Schneetage unter 800 Meter über Meer hat seit 1970 um 50 Prozent abgenommen.

Heute ist eindeutig belegt, dass sich das Klima auf der Erde seit Mitte des 20. Jahrhunderts in einem rasanten Tempo erwärmt und dass hauptsächlich die menschliche Aktivität dafür verantwortlich ist. Steigende Treibhausgaskonzentrationen in der Atmosphäre führen zu einer geringeren Wärmeabstrahlung und damit zu höheren Temperaturen. Das wichtigste Treibhausgas ist Kohlenstoffdioxid (CO_2), welches bei der Verbrennung von kohlenstoffbasierten Brennstoffen wie Öl, Gas, Kohle und Holz entsteht.

5.2 STRATEGIEN UND ZIELE DER SCHWEIZER KLIMAPOLITIK

Die Schweiz engagiert sich aktiv in der internationalen Klimapolitik und hat sich zur Verminderung ihrer Treibhausgasemissionen verpflichtet, um zur Begrenzung der globalen Erderwärmung beizutragen. Bereits 1993 ratifizierte sie die 1992 in Rio de Janeiro erarbeitete UNO-Klimakonvention und setzte sich damit für die Stabilisierung der Treibhausgaskonzentrationen in der Atmosphäre ein. Auf diese Weise sollen gefährliche Klimaveränderungen verhindert werden.

Das 2015 an der Klimakonferenz in Paris beschlossene und 2017 in der Schweiz ratifizierte Übereinkommen von Paris bildet heute die Grundlage für die Klimaschutzmassnahmen der Schweiz und verfolgt drei Hauptziele: die Begrenzung der globalen Erwärmung auf deutlich unter 2 Grad Celsius, idealerweise auf 1,5 Grad Celsius über dem vorindustriellen Niveau, die Entwicklung von Strategien zur Anpassung an den Klimawandel sowie die klimaverträgliche Ausrichtung von Finanzflüssen.

Das CO_2-Gesetz dient als nationale Grundlage, um diese Verpflichtungen umzusetzen und effiziente Massnahmen zur Emissionsreduktion sowie zur Anpassung an den Klimawandel zu koordinieren. Mit dem Klima- und Innovationsgesetz, das 2023 per Volksentscheid angenommen wurde, ist das Ziel von Netto-Null-Emissionen bis 2050 zudem gesetzlich verankert.

5.3 PROGNOSEN: ZUKÜNFTIGE VERÄNDERUNG

Der Zusammenhang zwischen der CO_2-Konzentration und der globalen Jahresmitteltemperatur kann dazu genutzt werden, die zukünftige Entwicklung der globalen Erwärmung vorauszusagen. Da aber nicht vollständig beurteilt werden kann, wie sich der globale CO_2-Ausstoss in Zukunft entwickeln wird, ist die Vorhersage mit grossen Unsicherheiten behaftet. Um diesem Umstand Rechnung zu tragen, wurden verschiedene Emissionsszenarien entwickelt.

Die Emissionsszenarien sind eine Abbildung der möglichen gesellschaftlichen Entwicklungen. Die modellierten zukünftigen Treibhausgaskonzentrationen werden dann in verschiedene Klimamodelle eingefügt, um deren Effekt auf das Klima zu beurteilen. Daraus entstehen Klimaszenarien, die den Bandbreiten vorausgesagter zukünftiger Klimabedingungen bei einem gewissen Emissionspfad entsprechen.

Ein häufig verwendetes Set an Emissions- und Klimaszenarien findet sich in verschiedenen Publikationen der WSL und des Bundes und betrachtet zwei Szenarien: Das erste Szenario (RCP 2.6) entspricht einem schnellen Rückgang der globalen CO_2-Emissionen durch die konsequente Umsetzung von Klimaschutz weltweit.

Die Klimamodelle zeigen, dass dieser Emissionspfad verfolgt werden muss, um das international anerkannte 1,5-Grad-Ziel erreichen zu können. Dieses Szenario entspricht der geringsten Erwärmung. Das RCP-8.5-Szenario geht hingegen von einer stetigen Zunahme der globalen Treibhausgasemissionen bis zum Ende des Jahrhunderts aus, wie es ohne Klimaschutz wahrscheinlich wäre. Unter diesen Bedingungen würde

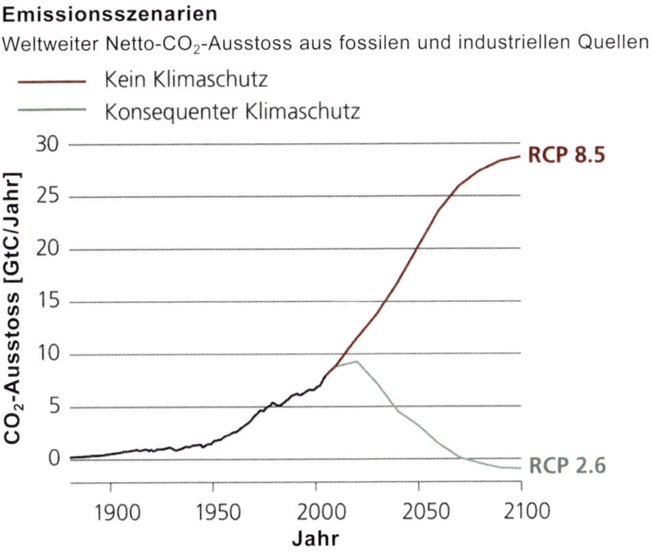

Abb. 5.3 Weltweiter Netto-CO_2-Ausstoss aus fossilen und industriellen Quellen. CO_2-Emmissionspfade für die häufig verwendeten Emissionsszenarien RCP 8.5 (kein Klimaschutz) und RCP 2.6 (konsequenter Klimaschutz). © Klimaszenarien CH2018

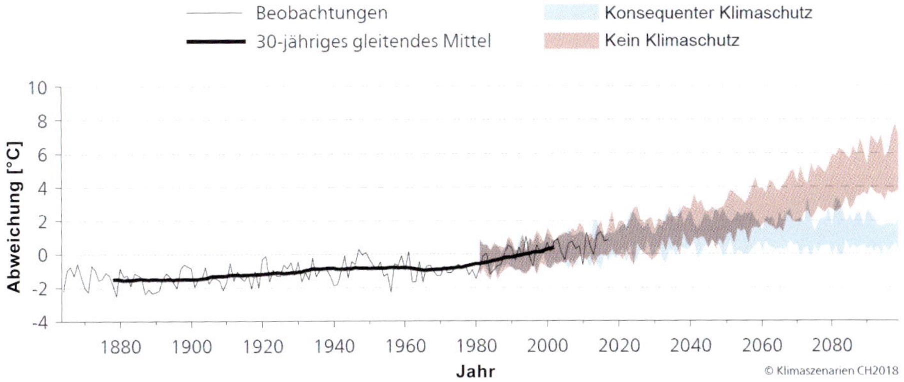

Abb. 5.4 Prognose der Entwicklung der Jahresmitteltemperatur bis Ende des 21. Jahrhunderts. Rotes Band: ohne Klimaschutz (RCP 8.5), grünes Band: mit konsequentem Klimaschutz (RCP 2.6). © Klimaszenarien CH2018

die Jahresmitteltemperatur in der Schweiz bis Ende des Jahrhunderts um 4 bis über 6 Grad Celsius steigen.

Aktuell deutet leider vieles darauf hin, dass selbst die Schweiz auf bestem Weg ist, die eigenen unambitionierten Klimaziele zu verfehlen. Untersuchungen zeigen ausserdem, dass die globale Entwicklung der CO_2-Emissionen bis heute eher näher am RCP-8.5-Szenario als am RCP-2.6-Szenario liegen.

Der Eintritt des RCP-8.5-Szenarios würde für die Schweiz eine weitere Erwärmung von etwa 4 bis 6 Grad Celsius bis Ende des Jahrhunderts bedeuten. Das würde bedeuten, dass die Durchschnittstemperatur von Bern im Jahr 2100 (heute: 9,3 °C) etwa denjenigen entsprechen könnte, die wir heute typischerweise aus Südfrankreich kennen (zum Beispiel Marseille, heutige Durchschnittstemperatur: 15 °C).

5.4 DIE STANDORTE VERÄNDERN SICH

Für den Wald sind hauptsächlich zwei Aspekte der Klimaveränderung von Bedeutung: die Wasserverfügbarkeit (Bodenfeuchte) und die Temperatur (Vegetationshöhenstufe).

5.4.1 Wasserverfügbarkeit

Die durch die vertikale Achse der Ökogramme (von «nass» zu «sehr trocken») repräsentierte Wasserverfügbarkeit ist ausschlaggebend für das Pflanzenwachstum. Im Gegensatz zur Jahresdurchschnittstemperatur ist es jedoch schwieriger, die jährliche Niederschlagsmenge und Verteilung vorauszusagen. Die Schätzungen reichen von einer geringfügigen Änderung bis zu einem moderaten Rückgang (–19 %) der Niederschlagsmenge während der Vegetationsperiode. Dabei ist jedoch zu beachten, dass auch der Boden und die Vegetation einen erheblichen Einfluss auf die Bodenfeuchte haben, weshalb diese Parameter mit grösseren Unsicherheiten behaftet sind.

Selbst bei gleich bleibender Niederschlagsmenge dürfte jedoch aufgrund des Temperaturanstiegs und der damit verbundenen höheren Verdunstung den Bäumen bis Ende des Jahrhunderts in der Vegetationszeit weniger Wasser zur Verfügung stehen. Darüber hinaus dürften selbst bei mässigem zukünftigen Klimawandel nicht nur die bereits heute als trocken bekannten Lagen im Wallis oder im Genferseegebiet von Wasserknappheit betroffen sein.

5.4.2 Temperatur, Vegetationshöhenstufe und Waldstandorte

Wie in Kapitel 3 erläutert wurde, wird die Temperatur in den Ökogrammen indirekt über die Höhenstufe berücksichtigt (umso höher, desto kälter). Das bedeutet, dass die Höhenstufen und darin vorkommenden Waldstandorte sich bei einer Erwärmung nach oben verschieben. Dabei entspricht ein Höhenunterschied von 100 Metern durchschnittlich einer Temperaturdifferenz von 0,65 Grad Celsius. Das bedeutet also, dass sich bei der im «mässigen» Klimawandelszenario erwarteten Erwärmung von 3,3 Grad Celsius die Vegetationshöhenstufen um ca. 500 Meter nach oben verschieben werden. Die mit der Höhenstufe assoziierten Standortstypen verändern sich mit.

Das heisst, die Umweltbedingungen in Wäldern, die heute als Tannen-Fichtenwälder der hochmontanen Stufe charakterisiert werden, werden gegen Ende des Jahrhunderts in etwa denen entsprechen, die wir heute in den buchendominierten Wäldern der untermontanen Stufe vorfinden.

Durch diesen Prozess gehen vielerorts zunehmend die obersten Höhenstufen verloren. Die dort vorkommenden Pflanzen können aufgrund des fehlenden Bodens (Bodenbildung dauert Hunderte von Jahren) und der extremen Bedingungen (Topografie,

Abb. 5.5 Ungefährer Verlauf der Höhenstufen im heutigen Klima. Wenn die Temperatur um 3 °C steigt, entspricht das einer Höhenverschiebung von rund 500 m. Eigene Darstellung, Bild: Peter Brang | WSL

Naturgefahren usw.) oberhalb ihres aktuellen Verbreitungsgebiets nicht ohne Weiteres in noch höhere Lagen wandern. Dadurch ist die diverse, oft endemische Flora und Fauna der alpinen und subalpinen Vegetationsstufen besonders gefährdet.

Die Beziehung zwischen der Erwärmung und der Höhenverschiebung ermöglicht es, mithilfe der bestehenden Ökogramme Prognosen über die zukünftige Zusammensetzung von Wäldern zu machen.

Bei der Durchstichmethode wird zuerst die aktuelle Höhenstufe (in diesem Beispiel untermontan), der Standortstyp (12a: typischer Zahnwurz-Buchenwald) und dessen Position im Ökogramm (frisch und eher basisch) des betrachteten Standortstyps identifiziert. Entsprechend der erwarteten Höhenverschiebung (je nach Klimaszenario) wird die Höhenstufe angepasst. Im Ökogramm der zukünftigen Höhenstufe kann nun an der gleichen Position im Ökogramm (frisch und eher basisch) der zukünftige Standortstyp gefunden werden.

In diesem Beispiel rutscht die betrachtete Fläche bei «mässigem» Klimawandel in die submontane Stufe. Die zukünftigen Bedingungen werden damit in Zukunft etwa denen entsprechen, die wir heute auf einem 9a-Standortstyp (typischer Lungenkraut-Buchenwald) vorfinden. Beim «starken» Klimawandelszenario hingegen entsprechen die zukünftigen Bedingungen sogar denen der kollinen Höhenstufe (9a: kolline Ausprägung), unter denen die Buche zunehmend an Dominanz einbüsst und durch andere wärmeliebende Arten abgelöst wird.

Unter den bisherigen Klimabedingungen ist diese Höhenstufe bisher in der Schweiz nicht grossflächig vorgekommen. Dadurch fehlen zum Teil Erfahrungen bezüglich der natürlichen Zusammensetzung dieser Gesellschaften. Die Standortstypen der kollinen

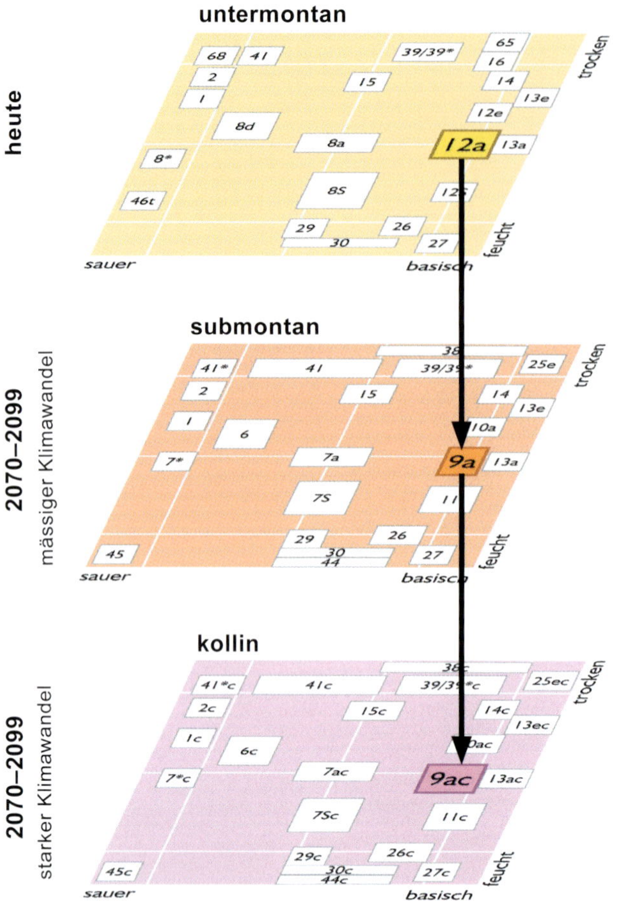

Abb. 5.6 Anwendungsbeispiel der Durchstichmethode. Der heutige Standortstyp 12a der untermontanen Höhenstufe sinkt bei mässigem Klimawandel in die submontane Stufe und wird zu einem 9a-Standort, bei starkem Klimawandel wird die Höhenstufe sogar kollin.

Stufe werden daher oft als kolline Ausprägung der auf der submontanen Stufe vorkommenden Standortstypen bezeichnet.

5.5 HABITATEIGNUNG VERÄNDERT SICH

Mit der Veränderung der Höhenstufe und der entsprechenden Anpassung an die zukünftigen Standortstypen ändert sich auch die Habitateignung für die unterschiedlichen Baumarten. Werden die modellierten zukünftigen Bedingungen mit der physiologischen Amplitude (siehe Kapitel 3.3.4) der Baumarten abgeglichen, ergeben sich die potenziellen künftigen Verbreitungsgebiete der Baumarten. Im Merkblatt für die Praxis *Der Schweizer Wald im Klimawandel: Welche Entwicklungen kommen auf uns zu?* hat die WSL sowohl die heutige als auch die bei einem «mässigen» Klimawandel in der zweiten Hälfte des Jahrhunderts erwartete Habitateignung für die wichtigsten Baumarten modelliert.

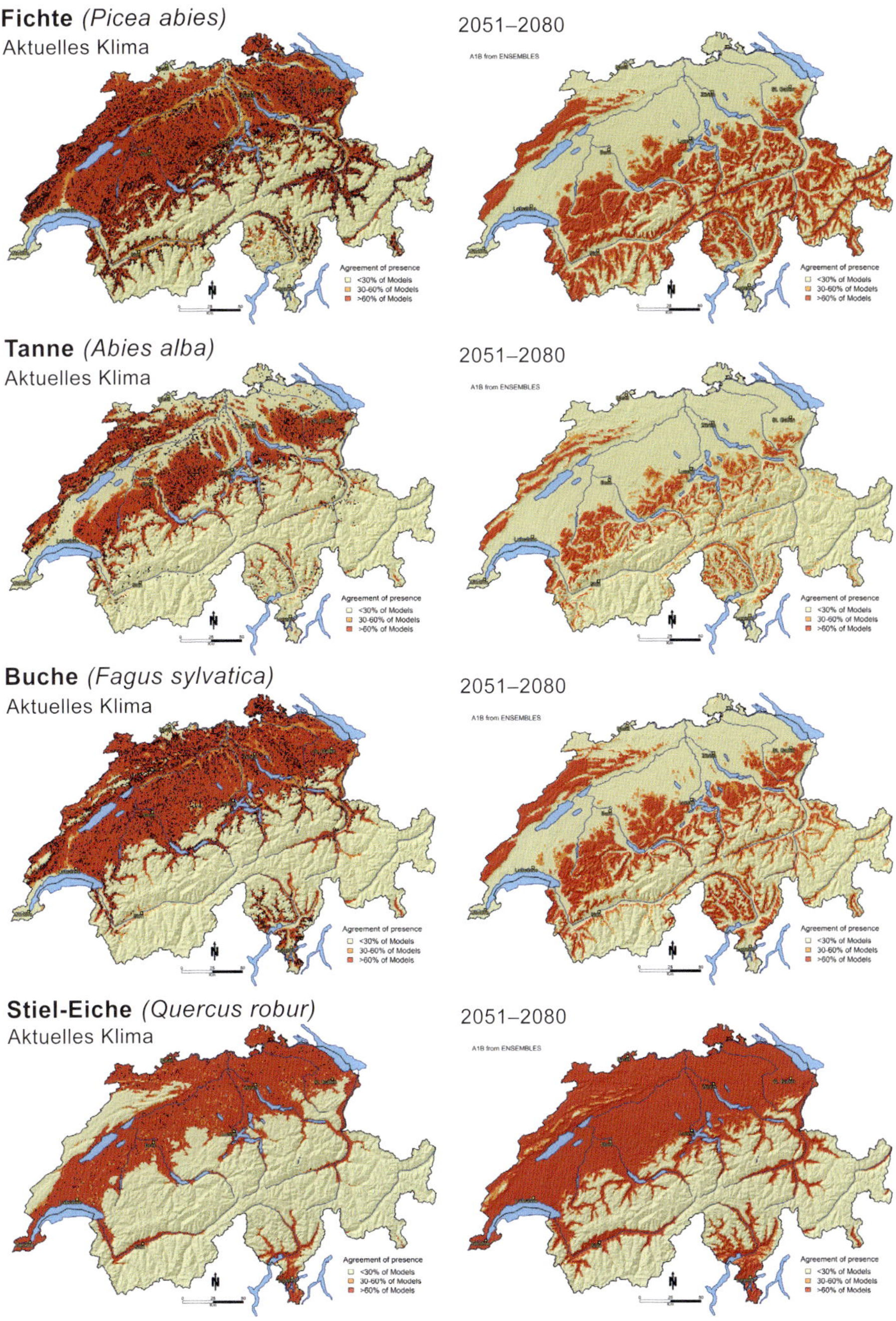

Abb. 5.7 Heutige und zukünftige modellierte Habitateignung (physiologische Amplitude) für die Baumarten Fichte, Tanne, Buche und Stiel-Eiche. Die Farbe zeigt die Übereinstimmung der verwendeten Modelle bezüglich der Habitateignung für die jeweilige Baumart. Beige: Weniger als 30 % der Modelle sagen ein geeignetes Habitat voraus, orange: 30–60 %, rot: über 60 %. Quelle: Zimmermann et al., PorTree final report, WSL, 2016

Der Vergleich zeigt, dass die Habitateignung für die drei Hauptbaumarten Fichte, Buche und Tanne deutlich zurückgeht und weite Teile des Mittellandes in der zweiten Hälfte des Jahrhunderts Bedingungen aufweisen, unter denen sich diese Arten nicht mehr entwickeln können. Angesichts der Tatsache, dass diese drei Baumarten heute über 75 Prozent des Holzvorrats ausmachen, ist diese Feststellung besorgniserregend und zeugt von der Dringlichkeit zielgerichteter Anpassungsmassnahmen.

Andererseits profitieren wärmeliebende und trockenheitsresistente Baumarten wie die Eiche. Ihr Verbreitungsgebiet beschränkt sich heute weitgehend auf die warmen Standorte der kollinen und submontanen Stufe. Mit zunehmender Erwärmung entwickelt die Eiche in den tieferen Lagen einen zunehmenden Konkurrenzvorteil gegenüber der weniger trockenheitstoleranten Buche und kann sich in höhere Lagen ausbreiten, wo sie zuvor keine passenden Umweltbedingungen vorfand.

Selbst die bisherige Klimaerwärmung macht sich bemerkbar. Die Probleme der Fichte in den tieferen Lagen und besonders auf flachgründigen Böden sind mittlerweile offensichtlich. Doch auch Tanne und Buche zeigten in den letzten Jahren und besonders im Hitzesommer 2018 deutliche Schwächezeichen. Diese Trockenheitsereignisse hatten einen schlechteren Gesundheitszustand sowie eine erhöhte natürliche Mortalität zur Folge.

5.6 BEDEUTUNG VON EXTREMEREIGNISSEN

Die oben erwähnten Modelle basieren auf der Annahme einer graduellen Veränderung der Temperatur und der Niederschlagsmenge und -verteilung. Nicht berücksichtigt werden dabei Extremereignisse, die immer häufiger und in nie zuvor dagewesener Intensität auftreten werden.

Starke Winterstürme, Massenvermehrungen von Insekten (Borkenkäfer) sowie hitze- und trockenheitsbedingte Mortalität werden zukünftig unsere Wälder vor grosse Herausforderungen stellen. Eine singuläre extreme Trockenheitsperiode kann zu irreversiblen Schäden an einzelnen Bäumen bis hin zu ganzen Waldbeständen führen – auch wenn bald darauf wieder Niederschläge fallen, die das Wasserdefizit ausgleichen könnten.

Obwohl für die Buche eine generelle Habitateignung (physiologische Amplitude) auf feuchteren Standorten des Mittellandes vorausgesagt wird, ist es gut möglich, dass dort Buchen in einem Hitzesommer der akuten Trockenheit erliegen und es somit zu einem schnelleren Zusammenbruch kommt, als allein aufgrund der durchschnittlichen Temperatur erwartet würde.

Abb. 5.8 Verfrühter Blattabfall bei Buchen im Hitzesommer 2018 (oben). Viele der stark betroffenen Bäume haben sich im Jahr darauf nicht erholt (unten). Bilder: Ulrich Wasem | WSL

5.7 ZUKUNFTSFÄHIGKEIT

In diesem Zusammenhang ist das Konzept der **Zukunftsfähigkeit** zentral. Wo bisher eine statische Einteilung in «mehr oder weniger standortsgerecht» verwendet wurde, muss in Anbetracht der Klimaveränderung sowohl die heutige als auch die zukünftige Eignung einer Baumart auf einem bestimmten Standort beurteilt und berücksichtigt werden.

Dazu ist es sinnvoll, die Baumartenempfehlungen des heutigen Standorts mit derjenigen des zukünftigen Standorts zu vergleichen. Besondere Beachtung verdienen dabei Baumarten, die sowohl unter den heutigen als auch unter den zukünftigen Bedingungen vorkommen können. Diese Baumarten müssen waldbaulich gefördert werden, da sie unter den aktuellen Bedingungen vielfach durch die starke Konkurrenz schattentoleranterer Baumarten verdrängt würden. Falls Baumarten sich auf der Fläche verjüngen, die dem heutigen Standort (noch) nicht entsprechen, aber gut an den zukünftigen Standort angepasst sind, sollte unbedingt versucht werden, diese zu erhalten. Sie könnten zu wichtigen Samenbäumen für die nächste Baumgeneration werden.

5.7.1 Tree App

Im Rahmen des Forschungsprogramms «Wald und Klimawandel» wurde vom BAFU und der WSL ein Onlinetool zur Unterstützung bei der Auswahl standortgerechter und zukunftsfähiger Baumarten veröffentlicht. Mit der Tree App (www.tree-app.ch) kann man dort, wo eine kantonale Karte der Waldstandorte verfügbar ist, den kartierten Waldstandort abfragen und sich eine Liste der an diesen Standortstyp angepassten Baumarten anzeigen lassen.

Ausserdem wurde modelliert, welcher Standortstyp an diesem Ort gegen Ende des 21. Jahrhunderts erwartet wird, bei mässigem beziehungsweise bei starkem Klimawandel. Basierend auf diesen Hochrechnungen wird eine Empfehlung abgegeben, welche Baumarten an den zukünftigen Standort angepasst sind und schon heute auf der Fläche aufkommen können. Optional können bei der Empfehlung auch die Baumarten angezeigt werden, die auf dem zukünftigen Standort erwartet werden, aber heute auf diesen Standortstypen typischerweise noch keine geeigneten Bedingungen vorfinden.

Am Beispiel des bereits betrachteten typischen Zahnwurz-Buchenwalds (12a) soll dieser Prozess illustriert werden. Unter den aktuellen Bedingungen wird der Standortstyp klar von der Buche dominiert. Wichtige Naturwaldbaumarten sind Tanne, Berg-Ahorn, Esche und Ulme. Weiter können Feld-, Spitz- und Schneeballblättriger Ahorn, Birke, Lärche, Fichte, Pappel, Vogelkirsche, Trauben- und Stiel-Eiche, Mehl- und Vogelbeere, Eibe sowie Winter- und Sommer-Linde vorkommen.

Sinkt die Höhenstufe des betrachteten Waldes aufgrund starker Erwärmung bis in die kolline Stufe, verändert sich die natürliche Baumartenzusammensetzung dramatisch. Die Buche verliert komplett ihre Dominanz und kommt nur noch als weitere eingemischte Baumart vor. Empfohlen werden vor allem Spitz-Ahorn, Hagebuche, Kirsche, Trauben-Eiche sowie Winter- und Sommer-Linde. Daneben können Esche,

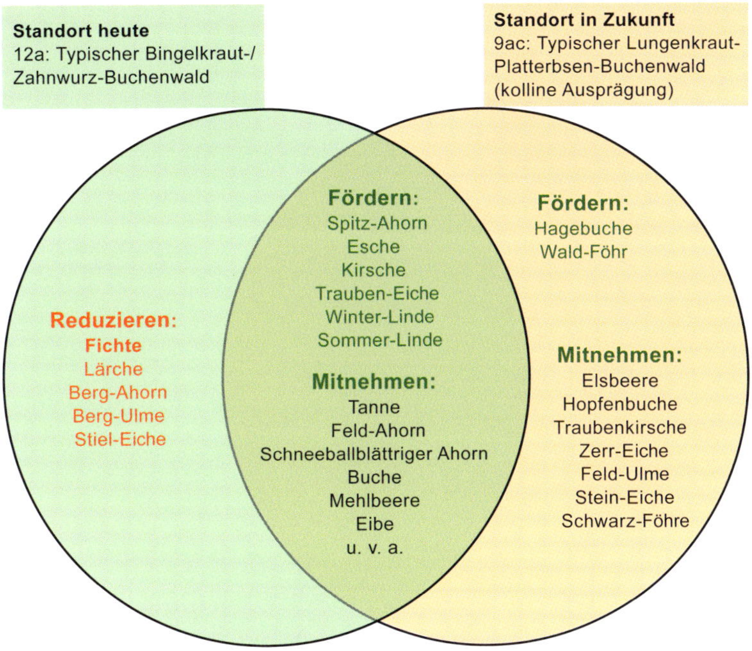

Abb. 5.9 Anwendungsbeispiel der Empfehlungen für den Standortstyp 12a aus der Tree App. Links: Baumarten, die nur an den heutigen Standortstyp angepasst sind, Mitte: Baumarten, die sowohl heute als auch auf dem zukünftigen Standort geeignet sind, rechts: Baumarten, die zwar zukünftig geeignete Bedingungen vorfinden könnten, heute aber noch kaum aufwachsen können.

Doku-Tool Zukunftsbaumarten

Das Doku-Tool Zukunftsbaumarten (https://zukunftsbaumarten.ch/) ist eine im Jahr 2024 geschaffene, schweizweite Plattform für die Dokumentation und den Austausch von Erfahrungswissen über Baumarten.

Die Ansprüche von Baumarten an den Standort und deren waldbauliche Behandlung sind für Praxis und Forschung von grossem Interesse. Vor dem Hintergrund des Klimawandels rückt die Frage der Standorteignung der Baumarten zunehmend in den Fokus. Um unsere Wälder zukunftsfähig zu gestalten, benötigen wir Informationen über die Eignung sowohl einheimischer als auch exotischer Baumarten entlang der unterschiedlichen ökologischen Gradienten in der Schweiz.

Viel potenzielles Wissen dazu steht bereits heute in unseren Wäldern – in Form von vergangenen Pflanzungen und Experimenten der Waldbewirtschaftung. Mit dem Doku-Tool Zukunftsbaumarten kann genau dieses «stehende» Wissen genutzt werden: Es ermöglicht die systematische Erfassung und Dokumentation von Einzelbäumen und Beständen, die bereits heute im Schweizer Wald vorkommen.

Wald-Föhre und Robinie (Achtung, invasiv!) sowie einige weitere eingemischte Baumarten vorkommen.

Der Vergleich zeigt, dass Spitz-Ahorn, Esche, Kirsche, Trauben-Eiche sowie Winter- und Sommer-Linde die wichtigsten Zukunftsbaumarten sind, die bereits auf dem heutigen Standort vorkommen können. Weitere Baumarten, die zwar nicht bestandsbildend sind, aber dennoch sowohl unter aktuellen als auch unter zukünftigen Bedingungen vorkommen können, sind ein Trumpf für die Diversität und sollten (in geringerer Zahl als die Hauptbaumarten) ebenfalls gefördert oder mindestens «mitgenommen» werden.

5.7.2 Zukunftsfähigkeit auf Bestandsebene

Mit den der Durchstichmethode zugrunde liegenden Überlegungen lassen sich neben der Klimatauglichkeit einzelner Baumarten auch Bestände oder ganze Waldkomplexe auf ihre Angepasstheit überprüfen.

Das Attribut **zukunftsfähig** erhalten Waldbestände, in denen es möglich ist, ohne zusätzliche Adaptationsmassnahmen bis zur zweiten Hälfte des Jahrhunderts eine Bestockung zu erreichen, die den dann herrschenden Klimabedingungen angepasst ist. Ein Eichenbestand (80 % Trauben-Eiche, 20 % Hagebuche) auf einem heutigen 12a-Standort gilt demnach unabhängig von seiner Struktur als zukunftsfähig.

Als **bedingt zukunftsfähig** gelten Wälder, auf denen es theoretisch möglich ist, durch gezielte Steuerungsmassnahmen und ohne vorzeitige Verjüngung einen angemessenen Zielzustand zu erreichen. Dazu gehören insbesondere Altbestände, die sowieso verjüngt werden sollten, oder Jungwald, wo die Ziele noch mit einer Mischungsregulierung erreicht werden können. Bei der Verjüngung kann die Mischung neu definiert und zukunftsfähig gestaltet werden. Voraussetzung für eine naturnahe Anpassung ist jedoch, dass auf der Fläche oder in der Umgebung genügend vitale Samenträger der Zielbaumarten bereitstehen.

Ebenfalls als bedingt zukunftsfähig gelten beispielsweise einige Plenterwälder der obermontanen Stufe. Ein Plenterwald mit einem Baumartenanteil von 50 % Fichte, 30 % Tanne und 20 % Buche auf einem Waldschwingel-Tannen-Buchenwald-Standort (18) kann sich durch konsequente Förderung der Buche innert 30 bis 50 Jahren zu einem buchendominierten Wald entwickeln, der den zukünftigen Bedingungen (Waldhirsen-Buchenwald, 8a) angemessen angepasst ist. Ohne konsequente Förderung der Zukunftsbaumarten verändert sich jedoch die Baumartenzusammensetzung nur sehr langsam und endet nicht selten mit einem relativ plötzlichen, flächigen Ausfall der Fichte und später der Tanne.

Als **nicht zukunftsfähig** gelten Wälder, bei denen ohne frühzeitige Verjüngung keine zukunftsfähige Bestockung erreicht werden kann. Ein 30-jähriger Buchenbestand (95 % Buche, 5 % Berg-Ahorn) auf einem trockenen Blaugras-Buchenwald (Standortstyp) gilt demnach als nicht zukunftsfähig, denn ohne frühzeitige Verjüngung ist die Bestockung zukünftig nicht mehr standortgerecht. Es ist demnach zu erwarten, dass ein

Grossteil dieser Bäume den Zieldurchmesser nicht erreichen wird. Diese Überlegung gilt gleichermassen für gleichförmige und ungleichförmige Wälder. Auch in einem ungleichförmigen Buchenwald auf diesem Standortstyp ist es nicht möglich, ohne zusätzliche Massnahmen innert 30 bis 50 Jahren den gewünschten Anteil zukunftsfähiger Baumarten zu erreichen.

5.8 ADAPTATIONSPRINZIPIEN

Im 2016 erschienenen Buch *Wald im Klimawandel* stellten Brang et al. ein Set von Adaptationsprinzipien vor, das heute schweizweit anerkannt ist und von vielen Institutionen bereits ausgiebig angewandt wird. Die oberste Zielsetzung der Waldbewirtschaftung ist die langfristige und kontinuierliche Bereitstellung der Waldleistungen. Um dies zu gewährleisten, ist insbesondere der flächige Zusammenbruch grösserer Waldflächen zu vermeiden (Risiko), denn sonst können die Waldleistungen zumindest über einen gewissen Zeitraum nicht erbracht werden.

Das Prinzip der Diversifizierung ist elementarer Teil jeder Geldanlagestrategie. Um ein Portfolio mit geringem Risiko zusammenzustellen, wird gezielt in unabhängige Branchen investiert. Somit wird es weniger wahrscheinlich, dass alle gleichzeitig an Wert verlieren. Diese Überlegungen können auf den Wald übertragen werden: Da die Klimaprognosen mit erheblichen Unsicherheiten behaftet sind, genügt es nicht, sich auf ein spezifisches Szenario vorzubereiten. Vielmehr muss das Risiko verteilt werden, indem der Wald bestmöglich auf das Eintreten unterschiedlicher Szenarien vorbereitet wird. Es soll also nicht alles auf eine Karte gesetzt werden.

Dabei spielt die Zukunftsfähigkeit der Bestockung eine übergeordnete Rolle. Ohne zukunftsfähige Bestockung ist die kontinuierliche Erbringung der Waldleistungen beinahe aussichtslos. Erst wenn die Zukunftsfähigkeit der Bestockung gewährleistet ist,

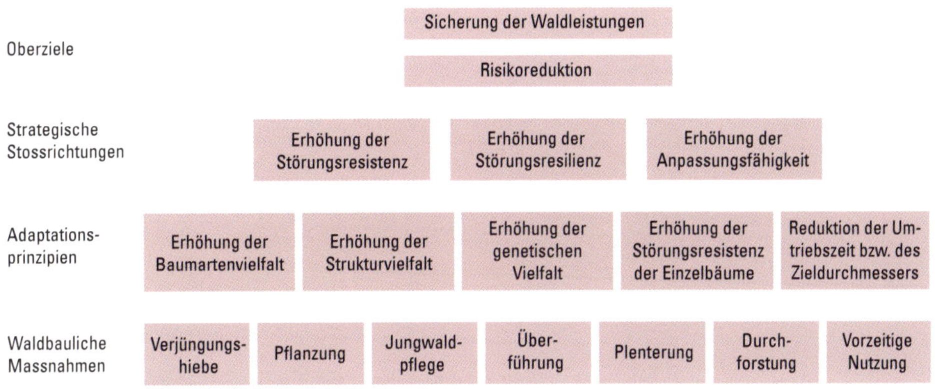

Abb. 5.10 Adaptation im Wald im Klimawandel: Ziele, strategische Stossrichtungen, Adaptationsprinzipien und waldbauliche Massnahmen. Aus: Pluess, Augustin, Brang, Wald im Klimawandel, 2016

können durch Berücksichtigung der Adaptationsprinzipien die **Störungsresistenz** (Widerstandsfähigkeit), die **Störungsresilienz** (Erholungsfähigkeit) sowie die **Anpassungsfähigkeit** gefördert werden.

Sowohl die Erhöhung der Baumartenvielfalt als auch eine Erhöhung der Strukturvielfalt reduzieren das Risiko eines Totalausfalls. Vielfalt kann dabei auf unterschiedlichen räumlichen Skalen betrachtet werden (siehe Kapitel 6.12). Die Erhöhung der genetischen Vielfalt ist insbesondere bei Baumarten relevant, die bisher in der Schweiz nur relativ selten waren.

Die Erhöhung der Störungsresistenz der Einzelbäume wird durch konsequente Waldpflege sichergestellt. Mit dem in Kapitel 6 dargestellten baumzentrierten Bewirtschaftungsansatz (QD-Strategie) lässt sich dieses Prinzip in der Praxis gut umsetzen.

Die Reduktion der Umtriebszeit stellt eine weitere Anpassungsmöglichkeit dar. Dies kann entweder durch eine Verringerung des Zieldurchmessers oder durch einen dynamischeren Waldbau mit früherer und stärkerer Freistellung der Kronen erreicht werden. Wird die Umtriebszeit verkürzt, erhöht sich die nachhaltige jährliche Verjüngungsfläche (Fläche, die jährlich verjüngt werden muss, um das Altersklassengleichgewicht aufrechtzuerhalten). Dadurch kann die Mischung eines Waldes stärker beeinflusst und der Wald schneller an die sich verändernden Bedingungen angepasst werden.

Aufgrund der hohen ökologischen und kulturellen Bedeutung grosser, alter Bäume ist dieses Adaptationsprinzip besonders in Naturschutzkreisen etwas verpönt. Ob ein Baum bereits mit 70 oder erst mit 100 Jahren geerntet wird, spielt angesichts des deutlich höheren biologischen Maximalalters ökologisch jedoch kaum eine Rolle. Viel wichtiger ist, auch hier die Prinzipien des naturnahen Waldbaus zu respektieren (siehe Kapitel 6.13). Auch im adaptiven Waldbau sollen ausgewählte Habitatbäume und Baumgruppen (Altholzinseln) bis zum natürlichen Absterben im Bestand gelassen werden und so einen wertvollen Beitrag zur Biodiversitätsförderung leisten.

Entsprechend der natürlichen Walddynamik können Eigenschaften wie die Baumartenzusammensetzung oder die Strukturvielfalt nur über waldbauliche Eingriffe während bestimmter Behandlungsphasen beeinflusst werden. So kann die Baumartenzusammensetzung nahezu ausschliesslich über die Verjüngung, in geringerem Masse auch durch die Regulierung der Konkurrenzverhältnisse (Mischungsregulierung) in der Jungwaldphase beeinflusst werden.

Aus Abbildung 5.11 wird ersichtlich, dass besonders der Verjüngung, die mit Ausnahme der individuellen Stabilität alle Adaptationsprinzipien tangiert, eine ausserordentlich wichtige Rolle zukommt. Daher müssen Verjüngungseingriffe konsequent darauf abzielen, eine zukunftsfähige Baumartenmischung aufzubringen (siehe Kapitel 6.6).

Handlungsprinzip	Behandlungsphase		
	Verjüngung	Jungwald-/ Nachwuchspflege	Durchforstung
Erhöhung der Baumartenvielfalt mit zukunftsfähigen Arten	●	●	
Erhöhung der Strukturvielfalt	●		●
Erhöhung der genetischen Vielfalt	●		
Erhöhung der Stabilität der Einzelbäume			●
Reduktion der Umtriebszeit/Zieldurchmesser bzw. vorzeitige Verjüngung	●		●

Abb. 5.11 Schlüsselsituationen für die Anwendung der fünf waldbaulichen Handlungsprinzipien in verschiedenen Behandlungsphasen. Je grösser der Kreis, desto mehr bewirken gezielte Eingriffe. Die Handlungsprinzipien gelten unabhängig von der Betriebsform, auch wenn es im Dauerwald keine klar abgrenzbaren Behandlungsphasen gibt. Nach: Pluess, Augustin, Brang, Wald im Klimawandel, 2016

5.9 BEDEUTUNG DES WALDES FÜR DEN KLIMASCHUTZ

Der Klimawandel beeinflusst nicht nur die Entwicklung unserer Wälder, sondern auch umgekehrt. Unsere Wälder haben einen beträchtlichen Einfluss auf die CO_2-Bilanz der Schweiz und können potenziell zur Verminderung des Klimawandels beitragen. Diese Waldleistung wird als Klimaschutzleistung oder CO_2-Effekt bezeichnet. Dabei handelt es sich um ein komplexes Zusammenspiel verschiedener biologischer und physikalischer Prozesse, die einer genaueren Erläuterung bedürfen.

5.9.1 Klimaschutzwirkung des Waldes

Die Klimaschutzwirkung beziehungsweise die CO_2-Senkenleistung setzt sich aus drei unterschiedlichen Teilbetrachtungen zusammen: Sequestration, Speicherung und Substitution.

Pflanzen absorbieren während des Wachstums das Treibhausgas CO_2 aus der Atmosphäre (Sequestration) und bilden daraus organische Moleküle (Kohlenstoffketten), mit denen sie ihr Gewebe aufbauen und ihren Stoffwechsel versorgen. Deshalb reduzieren Pflanzen durch ihr Wachstum die CO_2-Konzentration in der Atmosphäre und tragen so zu einer Abschwächung des Klimawandels bei. Die Speicherung ist jedoch temporär. Der in der Biomasse zwischengelagerte Kohlenstoff wird während des Verrottungsprozesses grösstenteils wieder an die Atmosphäre abgegeben.

Steigt die Biomasse eines Waldes durch das Pflanzenwachstum, steigt also die Menge an gespeichertem CO_2 und der Wald agiert als CO_2-Senke. Dies tut er, bis ein Gleichgewichtszustand zwischen Zuwachs und natürlicher Mortalität erreicht wird (Nettozuwachs = 0). Ist dieser Zustand erreicht, wird kaum noch zusätzliches CO_2 eingelagert, da die Biomasse weitgehend konstant bleibt.

Neben der Biomasse im Wald ist jedoch auch die Klimabilanz der Holznutzung von Bedeutung. Schliesslich werden nicht einfach Bäume gefällt und liegen gelassen, sondern das Holz wird einer Nutzung zugeführt und als Bau- und Industrieholz oder Energieholz verwendet. Dabei wird einerseits, wie in der lebenden Biomasse, der im Holz enthaltene Kohlenstoff gebunden, solange das Holz nicht verbrannt wird (= **Speicherwirkung**). Andererseits ersetzt (= substituiert) Holz andere Materialien, die anstelle des Holzes hätten produziert werden müssen, dies oft aus nicht erneuerbaren Rohstoffen. Diesbezüglich spricht man von der **Substitutionswirkung** der Holzprodukte. Dazu gehört beispielsweise der Ersatz von Stahl und Beton – beide in der Herstellung äusserst energieintensiv – beim Bau von Infrastruktur (materielle Substitution) sowie der Ersatz von nicht erneuerbaren Brennstoffen wie Heizöl oder Erdgas durch Holz (energetische Substitution).

Die Speicherwirkung in Holzprodukten und die Substitutionswirkung werden auch als CO_2-Effekte im Zivilisationskreislauf zusammengefasst. Die Substitution energieintensiver Baumaterialien erzielt dabei die beste Klimawirkung der Holznutzung. Idealerweise erfolgt die Holznutzung zudem entlang einer Kaskade, von der höchsten Produktqualität (Bauholz) über die stoffliche Nutzung (Industrie- und Papierholz), bis das Holz am Ende energetisch in Strom und/oder Wärme umgesetzt wird.

5.9.2 CO_2-Effekte der Schweizer Wald- und Holzwirtschaft

Die wohl wichtigste Grundlage für die Klimawirkung des Schweizer Waldes bildet die BAFU-Broschüre *CO_2-Effekte der Schweizer Wald- und Holzwirtschaft* aus dem Jahr 2007. Darin werden die CO_2-Effekte des Schweizer Waldes und der Waldbewirtschaftung unter verschiedenen Bewirtschaftungsszenarien eingehend untersucht. Vier Szenarien werden betrachtet: «Baseline», «Kyoto-optimiert», «zuwachsoptimiert» und «reduzierte Waldpflege». Der Einfachheit halber werden wir uns hier auf die zwei entgegengesetzten Nutzungsszenarien, «reduzierte Waldpflege» und «zuwachsoptimiert», beschränken, um die CO_2-Effekte des Schweizer Waldes und der Holznutzung zu erläutern.

Beim Szenario «reduzierte Waldpflege» wird die Holznutzung auf rund 3 Millionen Kubikmeter pro Jahr reduziert. Dabei kommt es aufgrund der geringeren Nutzungsmenge zunächst zu einer starken Vorratszunahme, bis die maximale Dichte erreicht wird und der Vorrat aufgrund der Klimaveränderung zu sinken beginnt. Im Gegensatz dazu wird im Szenario «zuwachsoptimiert» das nachhaltige Holzproduktionspotenzial ganz ausgeschöpft. Die Holznutzung wird so lange gesteigert, bis sie dem Zuwachs entspricht. Das bedeutet, der Durchschnittsvorrat im Wald bleibt mehr oder weniger konstant.

Die **Sequestration** des Waldes ist über den gesamten Betrachtungszeitraum gemittelt in beiden Szenarien positiv (der Wald nimmt insgesamt mehr CO_2 auf, als er abgibt). Im Szenario «reduzierte Waldpflege» wird jedoch ein kleinerer Anteil des Zuwachses geerntet, wodurch die Biomasse der Wälder in diesem Szenario zunächst stark ansteigt und dadurch viel zusätzlicher Kohlenstoff eingelagert wird. Bereits nach wenigen Jahrzehnten nähern sich jedoch immer mehr Bestände der maximalen Dichte und die jährliche Senkenleistung beginnt zu sinken. Um das Jahr 2075 wird der Wald in diesem Szenario sogar zur CO_2-Quelle.

Im Szenario «zuwachsoptimiert» wird hingegen der Zuwachs weitgehend abgeschöpft und der Biomassevorrat im Wald bleibt dabei auf einem ähnlichen Niveau wie heute. Die Sequestrationsleistung des Waldes ist deshalb geringer.

Da die durchschnittlichen Holzvorräte im Schweizer Wald jedoch sehr hoch sind und die Prognosen unter Berücksichtigung des Klimawandels eher auf eine Vorratsabnahme hindeuten, werden die Schweizer Wälder vermutlich noch vor Ende des Jahrhunderts zu einer CO_2-Quelle. Dieser Zustand könnte aufgrund von grossflächigen, klimawandelbedingten Extremereignissen (Trockenheit, Sturm, Borkenkäfer usw.) jedoch auch schon deutlich früher erreicht werden.

Der **CO_2-Effekt im Zivilisationskreislauf,** also die zusammengefasste Klimaschutzwirkung der Holznutzung (Speicherung und Substitution), ist aufgrund der höheren Nutzungsmenge im Szenario «zuwachsoptimiert» am höchsten.

Totaler CO_2-Effekt des Schweizer Waldes und der Holznutzung

Um die Klimawirkung der Waldbewirtschaftung zu beurteilen, müssen beide Effekte kombiniert betrachtet werden. Abbildung 5.12 zeigt den totalen CO_2-Effekt des Schweizer Waldes und der Holznutzung in den verschiedenen Szenarien.

In den ersten Jahrzehnten überwiegt der Einfluss der steigenden Biomasse im Wald, weshalb das Szenario «reduzierte Waldpflege» zunächst die beste Bilanz aufweist. Da Wälder jedoch nicht beliebig dicht werden können, wird innert weniger Jahre ein Zustand erreicht, in dem die Wälder so dicht sind, dass kein Nettozuwachs mehr stattfindet (Zuwachs = Mortalität). Ab dann versiegt die Senkenleistung des Waldes und der Wald wird ab ca. 2075 sogar zur CO_2-Quelle. Das würde bedeuten, dass in den drei letzten Jahrzehnten dieses Jahrhunderts auch die Quellenleistung der Schweizer Wälder kompensiert werden müsste, um Netto-Null-Emissionen zu erreichen.

Im Gegensatz dazu resultiert das Szenario «zuwachsoptimiert» in einem kontinuierlichen CO_2-Effekt. Der Effekt ist dabei über die nächsten Jahrzehnte zunächst geringer als im Szenario mit reduzierter Nutzung. Dafür bleibt der Wald jedoch über den gesamten Betrachtungszeitraum eine CO_2-Senke.

Der kumulierte Gesamteffekt am Ende der Betrachtungsdauer ist deshalb für das zuwachsoptimierte Szenario am besten. Ausserdem ist darin der CO_2-Effekt deutlich weniger risikobehaftet. Wurde die Substitutionsleistung eines Materials einmal erzielt, kann die Wirkung nicht durch ein zufälliges Ereignis verpuffen. Dies wäre allerdings bei der Zwischenspeicherung von CO_2 in lebender Biomasse im Wald durchaus denkbar. Beispielsweise können im Szenario «reduzierte Waldpflege» Schäden, etwa aufgrund von Extremereignissen, die durch den Klimawandel begünstigt werden, den Wald bereits deutlich früher zur CO_2-Quelle machen.

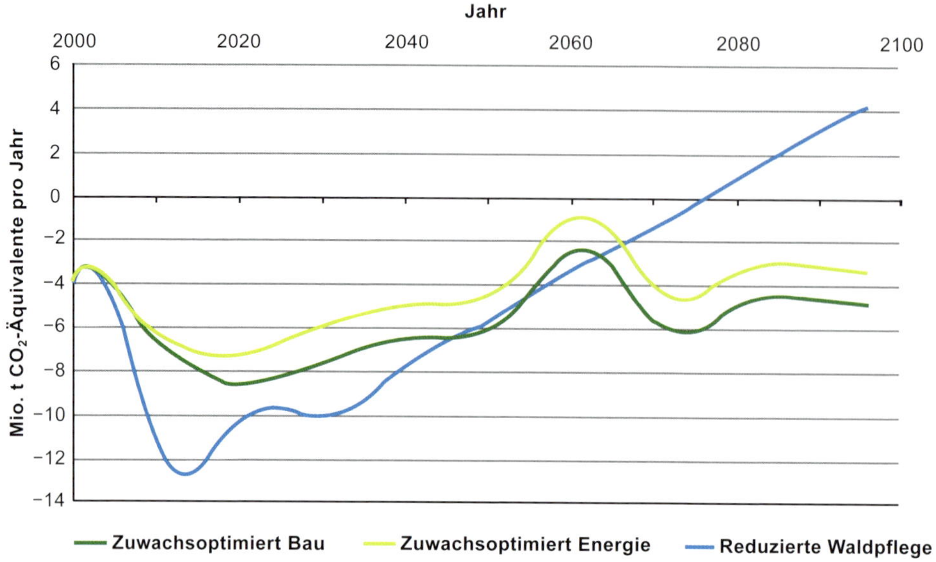

Abb. 5.12 Totale CO_2-Effekte pro Jahr der Schweizer Wald- und Holzwirtschaft. Nach: BAFU, CO_2-Effekte der Schweizer Wald- und Holzwirtschaft, 2007

Alles in allem zieht das BAFU den Schluss, durch die Ausnutzung des nachhaltigen Holznutzungspotenzials lässt sich eine nachhaltige und kontinuierliche Klimaschutzwirkung des Waldes am besten gewährleisten. Ausserdem kommt es bei diesem Szenario zu diversen positiven Nebeneffekten. So wird die Selbstversorgung der Schweiz mit dem erneuerbaren Rohstoff Holz gestärkt und die einheimische Waldbewirtschaftung und Holzindustrie werden gefördert.

Eine nachhaltige Intensivierung von Waldpflege und -bewirtschaftung begünstigt zudem die Anpassungsfähigkeit der Wälder an den Klimawandel und reduziert das Risiko, dass unsere Wälder zu einer CO_2-Quelle werden, wie es beispielsweise in Deutschland gemäss der jüngsten Deutschen Bundeswaldinventur (2024) bereits der Fall ist. Auch die Biodiversität profitiert davon, wenn unnatürlich dichte Bestände (die häufig aus ehemaligen Fichtenpflanzungen hervorgegangen sind) durch die Waldbewirtschaftung gezielt geöffnet werden und die Baumartendiversität erhöht wird. Von dem zusätzlichen Licht profitieren Pflanzen, Insekten und Vögel und für Wildhuftiere wie Reh und Hirsch entstehen wertvolle Äsungsflächen, die wiederum den Verbissdruck auf andere Verjüngungsflächen reduzieren.

Eine nachhaltige und naturnahe Waldbewirtschaftung, bei der nicht mehr Holz geerntet wird als nachwächst – aber eben auch nicht (viel) weniger –, ist demnach der erfolgversprechendste Weg, um möglichst viel und langfristig von der Klimaschutzleistung der Schweizer Wälder zu profitieren.

5.10 KONKRETE UMSETZUNG

Waldbau im Kontext der Anpassungs- und Zukunftsfähigkeit der Wälder im Klimawandel wird als **adaptiver Waldbau** bezeichnet. Die Prozesse orientieren sich dabei an der Natur, um eine **zielgerichtete, effiziente und nachhaltige** Bereitstellung der Waldleistungen zu gewährleisten.

Adaptationsmassnahmen können zwar wegen des Klimawandels erforderlich, aber dennoch nicht Natur-opportun sein, das heisst, sie gehen gegen die aktuelle natürliche Dynamik. Wichtig ist jedoch zu bedenken, dass heutige intensive Massnahmen (zum Beispiel Ergänzungspflanzungen mit zukunftsfähigen Baumarten) die Palette der Möglichkeiten des zukünftigen Arbeitens mit naturnahen Methoden verbreitern können.

Ein paar gut platzierte Stützpunktpflanzungen der Sommer-Linde auf einem typischen Lungenkraut-/Platterbsen-Buchenwald-Standort (9a) können es einige Jahrzehnte später ermöglichen, eine nahe gelegene Fläche mit einem gewissen Anteil an Sommer-Linde natürlich zu verjüngen. Ohne diese Pflanzung wären dann womöglich keine oder nicht genügend (auch in Bezug auf die genetische Diversität) Samenbäume dieser Art vorhanden und die Baumart könnte trotz geeigneter Umweltbedingungen nicht aufkommen.

Die Handlungsmaximen aus dem naturnahen Waldbau bleiben auch im adaptiven Waldbau weitgehend gültig. Sie werden nur genau dort, wo die zu erwartende Entwicklung unter Berücksichtigung der Klimaveränderung nicht zielkonform verläuft, durch ein kontextabhängiges Set von (intensiveren) an den globalen Wandel angepassten Massnahmen ergänzt. Dabei ist insbesondere die zukunftsgerichtete Verjüngung von zentraler Bedeutung.

Das Rechenbeispiel auf Seite 126 zeigt: Selbst wenn die Waldverjüngung zielkonform verlaufen würde (100 % Flächenanteil der Zielbaumarten) – was kaum der Fall sein wird – und die gesamte nachhaltige Verjüngungsfläche ausgeschöpft würde, wäre die Anpassungsgeschwindigkeit dennoch nicht ausreichend, um die gesteckten Mischungsziele zu erreichen.

Eine Erhöhung der Anpassungsgeschwindigkeit ist nur durch die Erhöhung der jährlichen Verjüngungsfläche möglich. Diese ist ausserdem konsequent zu pflegen, um einen möglichst hohen Anteil an zukunftsfähigen Zielbaumarten zu erhalten.

Waldfachleute stehen somit vor einem Dilemma: Einerseits sollten wir unsere Wälder vorausschauend fit für die Zukunft machen, damit sie nachhaltig (konstant und kontinuierlich) ihre Waldleistungen erbringen können – andererseits bedeutet dies vielfach kurz- bis mittelfristig eine «Übernutzung» unserer Wälder und widerspricht dadurch dem Prinzip der nachhaltigen Holznutzung (Nutzung = Zuwachs).

Der Forstbetrieb kann in Absprache mit den Kantonsforstbehörden den Hiebsatz (siehe Kapitel 6.4.1) für eine definierte Periode anheben, um den durchschnittlichen Holzvorrat zu verringern und die jährliche Verjüngungsfläche zu erhöhen, sollte dies für die zeitnahe Anpassung der Wälder vorteilhaft sein.

Rechenbeispiel Geschwindigkeit der Anpassung

› Ein typischer Mittellandbetrieb mit 600 Hektaren Wald.
Baumartenanteil heute: 40 % Fichte, 30 % Buche, 10 % Tanne, 5 % Ahorn und Esche, 5 % Eiche, 10 % übrige Laub- und Nadelhölzer. Nehmen wir der Einfachheit halber ausserdem an, dass es sich bei der gesamten Waldfläche um einen typischen Waldmeister-Buchenwald-Standort (7a) handelt.

Bei starkem Klimawandel fällt dieser Standort in die kolline Stufe und die Buche büsst damit ihre natürliche Dominanz ein. Gemäss der Tree App würden diese Wälder gegen Ende des Jahrhunderts von Hagebuche, Kirschbaum, Trauben-Eiche und Winter-Linde dominiert. Ebenfalls als wichtige Nebenbaumarten werden Spitz-Ahorn, Esche, Wald-Föhre, Zerr-Eiche und sogar die Robinie genannt. Tanne und Buche wären nur als weitere Baumarten in geringer Anzahl vorhanden, die Fichte gilt als ungeeignet.

Eine sinnvolle Zielsetzung bezüglich der Baumartenmischung im Jahr 2075 (50 Jahre von heute) könnte demnach folgendermassen lauten: 20 % Hagebuche, 20 % Eiche, 20 % Winter-Linde, 10 % Kirsche, 10 % Buche, 10 % Esche/Spitz-Ahorn, 10 % weitere Baumarten.

Aus dem Vergleich der aktuellen Situation mit der Zielsetzung wird deutlich, dass insbesondere der Fichten- und der Buchenanteil reduziert werden müssten. Da die Fichte gegen Ende des Jahrhunderts als ungeeignet gilt, ist bis dahin mit einem Zusammenbruch dieser Baumpopulationen zu rechnen.

Um die gesteckten Anpassungsziele zu erreichen, müssten über die nächsten 50 Jahre je 120 Hektaren (600 ha * 20 %) Hagebuche und Winter-Linde verjüngt werden und die Eichenfläche um 90 Hektaren auf 120 Hektaren erhöht werden. Ausserdem müssten 60 Hektaren Kirsche und ein paar Dutzend Hektaren Ahorn, Esche und weitere Baumarten verjüngt werden. Dabei ist anzumerken, dass dies keineswegs in Reinbeständen erfolgen soll, sondern in angemessenen Mischungen über die gesamte Fläche.

Berücksichtigen wir nur Hagebuche, Winter-Linde, Eiche und Kirsche, müssten in den nächsten 50 Jahren insgesamt 390 Hektaren verjüngt werden, und zwar mit je 100 Prozent Baumartenanteil dieser vier Zielbaumarten. Das entspricht einer jährlichen Verjüngungsfläche von 7,6 Hektaren pro Jahr. Bei einer durchschnittlichen Umtriebszeit von 100 Jahren liegt die nachhaltige jährliche Verjüngungsfläche (siehe Kapitel 6.4.2) jedoch bei nur 6 Hektaren pro Jahr.

5.10.1 Ebene Forstbetrieb

Auf betrieblicher Ebene müssen infolge des Klimawandels die Betriebskonzepte kritisch auf ihre Zukunftsfähigkeit überprüft werden. Beginnend bei den waldbaulichen Zielsetzungen müssen dafür zunächst klare und zukunftsfähige (langfristige) Bestockungsziele definiert werden.

Um den Anpassungsprozess zu beschleunigen, kann eine Anpassung des Zieldurchmessers in Betracht gezogen werden. Dies ist besonders bei nicht zukunftsfähigen Fichtenbeständen interessant, da aktuell auch Fichtenholz mittlerer Dimensionen (um die 45 cm) einen guten Absatz findet. Indem die Verjüngung vorzeitig eingeleitet wird, ergibt sich die Chance, durch gezielte Lichtdosierung und Jungwaldpflege die Bestockung entsprechend den zukünftigen Bedingungen neu zu gestalten.

Die Ebene des Forstbetriebs stellt die höchste praktische Betrachtungsebene dar, auf der die Waldplanung koordiniert wird. Um über die gesamte Fläche eine möglichst grosse Baumarten- und Strukturvielfalt zu fördern, braucht es Verjüngungslücken unterschiedlicher Grössen. Dazu müssen die unterschiedlichen Verjüngungsverfahren (siehe Kapitel 6.6) situativ an die lokalen Bedingungen angepasst und über die Fläche kombiniert werden. Daraus entstehen Wälder mit einer ganzen Bandbreite unterschiedlicher Lichtbedingungen. Dies ist nicht nur eine Chance für die Verjüngung einer breiten Palette zukunftsfähiger Baumarten, sondern auch für die Biodiversität, die ebenfalls von den unterschiedlichen Lichtbedingungen profitiert.

Bei der Adaptation auf Ebene des Forstbetriebs geht es insbesondere darum, Gelegenheiten für die zukünftige natürliche Anpassung zu schaffen. Ein Netz aus Stützpunktpflanzungen zukunftsfähiger Baumarten könnte sich bei einem Schadereignis in der Zukunft als enormer Trumpf herausstellen. Denn nur, wenn auch die nötigen Samenbäume in genügend grosser Zahl vorhanden sind (genetische Diversität), können sich diese Baumarten auch in den entstehenden Lücken natürlich verjüngen.

5.10.2 Ebene Bewirtschaftungseinheit (Bestand/Abteilung)

Auf Ebene der Bewirtschaftungseinheit (Fläche, die nach einheitlichem Konzept behandelt wird) muss das Produktionskonzept insbesondere auf die Zukunftsfähigkeit der Bestockung ausgerichtet werden. Bei jeder Verjüngungsgelegenheit sollten demnach zukunftsgerichtete Bestockungsziele festgelegt werden – denn nicht immer ist das, was natürlicherweise nachwächst, auch zukunftsfähig.

Entsprechend der Zukunftsfähigkeit des Ausgangsbestands werden unterschiedliche waldbauliche Massnahmen empfohlen: In **zukunftsfähigen Beständen** sind neben der regulären Waldpflege keine zusätzlichen adaptiven Massnahmen notwendig. In Beständen, die als **bedingt zukunftsfähig** eingestuft wurden, müssen gezielte Massnahmen getroffen werden, um die Zukunftsfähigkeit und damit die kontinuierliche Bereitstellung der Waldleistungen sicherzustellen. Dazu gehören beispielsweise die gezielte Verjüngung und die konsequente Förderung von Zukunftsbaumarten. In Altbeständen kann die Mischung einzig durch die Verjüngung neu definiert werden. Dabei müssen sich die Bestockungsziele an den zukünftigen Klimabedingungen ausrichten. Zum Beispiel sollte eine natürlich verjüngte «zufällige» Eiche in der obermontanen Stufe unbedingt gefördert werden, auch wenn sie unter den aktuellen Konkurrenzbedingungen komplett verdrängt würde.

Ungleichförmige Bestände in heute nadelholzdominierten Wäldern können auch über eine kleinflächige Verjüngung zukunftsfähig gemacht werden, da sich die Buche bereits heute auch in kleinen Lücken gut entwickeln kann. Um der geringeren Flächenproduktivität der Buche Rechnung zu tragen, muss in ungleichförmigen Wäldern jedoch der Zielvorrat angepasst werden. Wo in nadelholzdominierten Plenterwäldern Zielvorräte von über 400 Kubikmetern pro Hektare realisierbar sind, liegt der Gleichgewichtsvorrat im buchendominierten Dauerwald hingegen bei deutlich unter 350 Kubikmetern pro Hektare.

Schwieriger gestaltet sich die Transition in ungleichförmigen Wäldern der tieferen Lagen. In Buchenwäldern der submontanen Stufe sollte die Buche progressiv durch auf diesen Standorten zukunftsfähige Baumarten wie Eichen, Spitz-Ahorn, Hagebuche und Linden ergänzt werden. All diese Arten sind aber lichtbedürftiger als die Buche, sodass sie nur in grösseren Bestandslücken in den gewünschten Anteilen aufwachsen können. Zudem sind Buchen äusserst reaktionsfähig: Lücken im Kronendach werden rasch durch seitliche Ausdehnung der Kronen geschlossen. Untersuchungen deuten darauf hin, dass es Lichtbaumarten nur bei geringen Vorräten (maximal 250 m^3/ha) gelingt, sich kontinuierlich unter Schirm zu verjüngen und eine nachhaltige ungleichförmige Struktur aufrechtzuerhalten.

Fehlen die notwendigen Samenbäume, können sich zukunftsfähige Baumarten trotz angemessener Lichtverfügbarkeit nicht selbstständig verjüngen. In solchen Fällen müssen sie durch Saat oder Pflanzung auf der Fläche eingebracht werden.

In Beständen, die als **nicht zukunftsfähig** gelten, muss davon ausgegangen werden, dass ein Grossteil der Bäume im Bestand den Zieldurchmesser nicht erreichen wird und dass es innerhalb der nächsten Jahrzehnte zu einem Zusammenbruch kommt. Aufgrund der rapiden Klimaerwärmung kann das Absterben zukünftig ungeeigneter Baumarten schnell ein flächiges Ausmass annehmen. Dieser Prozess ist in Fichtenbeständen der tieferen Lagen bereits unverkennbar und kann in geringerem Ausmass mittlerweile sowohl bei der Buche als auch bei der Tanne, besonders auf flachgründigen Böden wie im Jura, ebenfalls festgestellt werden.

Der flächige Ausfall der Hauptbaumarten innert weniger Jahrzehnte kann zu einem temporären Defizit der Waldfunktionen führen, was möglichst verhindert werden sollte. In nicht zukunftsfähigen Beständen kann es demnach sinnvoll sein, den erwarteten Zusammenbruch vorwegzunehmen und einen Teil dieser Bestände vorzeitig zu verjüngen. Eine verfrühte Ernte ist zwar möglicherweise ökonomisch suboptimal (Wertleistungspotenzial nicht ausgeschöpft), aber immer noch deutlich günstiger als die Holzerei- und Aufräumarbeiten nach einem Schadensereignis (Sturm, Borkenkäfer), besonders wenn aufgrund stetig fortschreitender Baummortalität häufige Eingriffe

Abb. 5.13 Abgestorbene Buchen nach dem Hitzesommer 2018. Aufgenommen bei Lugnez (JU) im Juli 2019. Bild: Valentin Queloz

mit geringer Nutzungsmenge notwendig sind. Ausserdem kann bei der kontrollierten Ernte besser auf den Bodenschutz geachtet werden. Die Arbeiten sind auch deutlich weniger gefährlich für die Waldarbeitenden.

Die vielerorts als ungünstig betrachteten sehr dichten Waldbestände können sich aufgrund der fehlenden Vorverjüngung als Chance für die Adaptation erweisen. Aufgrund des sehr geringen Lichteinfalls können sich dort selbst Schattenbaumarten nicht unter dem Schirm des Altbestands etablieren. Die flächige Ernte dieser Bestände bietet somit eine gute und kostengünstige Gelegenheit, lichtbedürftige, zukunftsfähige Baumarten zu verjüngen. Ist hingegen bereits eine Vorverjüngung schattentoleranter Baumarten vorhanden, werden die Lichtbaumarten stärker konkurrenziert und es sind häufigere und intensivere Pflegemassnahmen nötig, um dieselben Bestockungsziele zu erreichen. Somit sollte gezielt darauf verzichtet werden, durch Schaffung kleiner Lücken eine Vorverjüngung von schattentoleranten Baumarten zu etablieren, die möglicherweise nicht der gewünschten Mischung entspricht.

5.11 EIN WORT ZUR PERSÖNLICHEN WAHRNEHMUNG

Es fällt mir schwer, mir das tatsächliche Ausmass des zu erwartenden Klimawandels und der daraus resultierenden Veränderungen im Wald vorzustellen. Blickt man zurück in die Waldgeschichte, zeigt sich, dass der Wald über ein ausgezeichnetes Regenerationspotenzial verfügt und sich meistens auch ohne menschliches Zutun wieder erholt. Kein Grund zur Sorge also?

Leider falsch. Denn unsere persönliche Wahrnehmung (beziehungsweise Intuition) wird durch unsere individuelle Erfahrung geprägt. Alle verfügbaren Informationen stammen von vergangenen Prozessen, meist aus Beständen, die lange vor Beginn des rapiden Klimawandels (meistens künstlich) angelegt wurden. Die aktuelle Geschwindigkeit des Klimawandels stellt jedoch alle zuvor dagewesenen Veränderungen im Wald in den Schatten. Damit ist das Lernen aus der Vergangenheit nur noch bedingt möglich.

Wir sollten also den gut abgestützten Modellen, die uns Prognosen über die Zukunft ermöglichen, vertrauen – auch wenn sie zum Teil stark von unserer Erfahrung und damit unserer Intuition abweichen. Diese Modelle basieren auf einer Menge an Informationen, die ein Individuum nicht allein verarbeiten kann. Sie sind deshalb in ihrer Voraussagekraft allen individuellen Prognosen überlegen. Solche Modelle sind zwar keineswegs perfekt und mit grossen Unsicherheiten behaftet, doch dies gilt auch – sogar in weitaus grösserem Masse – für die von uns intuitiv verwendeten mentalen Modelle.

Alle Modelle haben per Definition einen verallgemeinernden Charakter. Sie stellen eine Vereinfachung der Realität dar und sind deshalb von Natur aus pauschalisierend. So geht beispielsweise bei der Modellierung der Habitateignung oftmals die Bedeutung der Klein- und Kleinststandorte (Kuppen, Mulden, Botentiefe usw.) verloren. Das Fehlen dieser Variablen muss beim Übertragen der Empfehlungen auf tatsächliche Waldflächen unbedingt berücksichtigt werden. Die situative Betrachtung des Waldes bleibt also weiterhin von zentraler Bedeutung.

Es gibt in der Gesellschaft eine gewisse Tendenz, dem Wald oder der Natur eine selbstständige «Handlungsfähigkeit» zu attestieren. Das stützt sich in keiner Weise auf fundierte wissenschaftliche Konzepte. Es ist wichtig zu verstehen, dass alle Anpassungsprozesse (genetisch, epigenetisch und physiologisch) von der Vergangenheit geformte Prozesse sind.

Die Verjüngung etabliert sich demnach ausschliesslich entsprechend den aktuellen Bedingungen. Eine junge Fichte, die heute auf einem 7a-Standort keimt, kann nicht wissen, dass sich vermutlich die Umweltbedingungen so stark verändern werden, dass der zukünftige Standort für sie nicht mehr geeignet sein wird. Die natürliche Verjüngung einer Baumart darf also nicht *an sich* als Kriterium für die Zukunftsfähigkeit dieser Baumart gedeutet werden.

Stellen Sie sich vor, in einem Auto mit abgeklebter Windschutzscheibe vorwärtszufahren. Die einzige verfügbare Information erhalten Sie über den Rückspiegel. Auf einer geraden oder leicht (aber konstant) gekrümmten Fahrbahn können wir anhand der Bilder im Rückspiegel geringfügige Korrekturmassnahmen treffen und sicher ans Ziel kommen. Wenn aber die Strasse nicht vorhersehbar ist, wie es beispielsweise bei einer Serpentine im Berggebiet der Fall ist, nützt uns die Information im Rückspiegel nichts mehr, denn die Position des Autos sagt nichts über die vorzunehmende Richtungsänderung aus.

Nützlicher wäre hier ein Modell der Zukunft. Auch wenn dieses zum Teil nur unscharf ist, gibt es uns dennoch eine Richtung an, der wir behutsam folgen können.

Die Natur kann weder in die Zukunft blicken noch zielgerichtet agieren. Andererseits ist sie sehr wohl dazu in der Lage, auf Veränderungen der Umweltbedingungen zu reagieren. Das Reaktionsvermögen des Waldes ist dabei weitgehend durch die Ausgangsbedingungen definiert, insbesondere durch die Baumartenzusammensetzung und -verteilung sowie deren genetische Diversität. Sind keine Samenbäume zukunftsfähiger Baumarten vorhanden, können sich diese trotz passender Umweltbedingungen nicht verjüngen. Besonders für Baumarten, die unter heutigen Bedingungen von Natur aus meist nur in kleinen Anteilen vorkommen, muss aus Gründen der genetischen Diversität darauf geachtet werden, dass diese Samenbäume in genügend grosser Anzahl vorkommen.

Ebenso wenig, wie wir die Natur unterschätzen sollten (denn dann würden wir unnötige Arbeit investieren), sollten wir sie nicht überschätzen (nach Störungen zu reagieren, ist mit intensiveren Massnahmen verbunden, als vorausschauend und gezielt zu agieren). Eine Fehlkalkulation bezüglich der zukünftigen Habitateignung der Buche in einem buchendominierten Flachlandbetrieb kann innerhalb weniger Jahrzehnte zu grossen Einbussen bei verschiedenen Waldleistungen führen.

Auf regionaler Ebene kann also die Anpassungsfähigkeit der Wälder als Ganzes erhöht werden, indem Möglichkeiten für den Wald geschaffen werden, effektiv auf Störungen zu reagieren. Dazu gehört insbesondere ein Netz von stabilen Samenbäumen zukunftsfähiger Baumarten über die gesamte Fläche. Nur unter diesen Bedingungen kann der Wald sein wahres natürliches Reaktionsvermögen auch ausschöpfen.

5.12 KLARE ZIELSETZUNGEN FORMULIEREN

Die Formulierung konkreter Zielsetzungen fördert die Adaptation, weil sie aufzeigt, wie oft diese Ziele verfehlt werden und man sich mit der nächstbesseren natürlichen Zusammensetzung abgibt. Vielfach hört man auch das Schlagwort «Gelassenheit», man solle sich auf die Natur verlassen. Doch das ist zu kurz gegriffen, denn die Ausgangssituation ist vielerorts keineswegs «natürlich».

Selbstverständlich muss jegliche Anpassungsmassnahme vorwiegend auf natürlichen Prozessen basieren (alles andere wäre schlichtweg unbezahlbar). Doch wir Menschen mit der Gabe zur Prognose (durch wissenschaftliche Modelle) haben auch die Verantwortung, kommende Veränderungen vorwegzunehmen und den Wald darin zu unterstützen, sich an die von uns veränderten Klimabedingungen anzupassen.

Es braucht also nicht nur Gelassenheit, sondern eben auch Mut. Mut, in den natürlichen Entwicklungsprozess einzugreifen und vorausschauend zu agieren. Mut, bereits heute bestimmte konkurrenzschwache Baumarten zu fördern, die in Zukunft diese Gebiete dominieren könnten. Das Rechenbeispiel zur Adaptationsgeschwindigkeit in Abschnitt 5.10 illustriert auch, dass wir uns Zurückhaltung bei der Adaptationsgeschwindigkeit nur bedingt leisten können. Denn wenn wir den Wald langsamer anpassen als nötig, erledigt das die Natur selber. Für uns wäre dies jedoch mit einem erheblichen

Mehraufwand verbunden, weil wir die Nutzungen nicht koordinieren können und die Aufbereitung von Schadholz viel teurer und gefährlicher ist als eine kontrollierte Ernte.

Daraus lässt sich auch schliessen, dass aktiver Nutzungsverzicht die Anpassungsgeschwindigkeit an den Klimawandel reduziert. Das soll nicht etwa heissen, dass Waldreservate schlecht sind. Dort stehen andere Waldleistungen im Vordergrund, und zwar im Bereich der Biodiversität und des Landschaftsschutzes. Aber auch in Waldreservaten sind im Zusammenhang mit dem Klimawandel steigende Kosten zu erwarten. Denn rund um Erholungsinfrastruktur absterbende Bäume müssen vielfach aus Sicherheitsgründen dennoch gefällt werden.

Die Holznutzung ist demnach ein positiver Nebeneffekt der aktiven Waldbewirtschaftung, die selbst ohne Holznutzung nötig wäre, um die nachhaltige Bereitstellung der gewünschten Waldleistungen zu gewährleisten. Dort, wo die Holznutzung aus ökonomischen Gründen unter den heutigen Rahmenbedingungen nicht möglich ist, könnte mit den richtigen Anreizen die Holzernte so unterstützt werden, dass der nachhaltige Rohstoff Holz, soweit möglich, genutzt wird und damit gleichzeitig ein kleiner Deckungsbeitrag für die Waldpflege zugunsten der vielfältigen Leistungen des Waldes geleistet wird.

Insgesamt funktioniert die Schweizer Waldbewirtschaftung hervorragend. Der Vergleich zum nahen Ausland zeigt in der Schweiz eine ausserordentliche Vielfalt der Waldstandorte, der Waldstruktur und der Bewirtschaftungsansätze. Die kleinflächigen Besitzverhältnisse, die hohe Bevölkerungsdichte und die hohen gesetzlichen Anforderungen an die Naturnähe sowie die hohe Qualität der forstlichen Ausbildung haben dazu geführt, dass sich in der Schweiz eine kleinräumige und pragmatische Waldbewirtschaftung durchgesetzt hat. Sie kann situativ an die lokalen Umweltbedingungen und die Ansprüche der Waldbesitzenden sowie der Bevölkerung angepasst werden.

5.13 FALLBEISPIELE ANPASSUNG AN DEN KLIMAWANDEL

Die Fachstelle Waldbau hat im Auftrag des Bundes damit begonnen, Fallbeispiele für die naturnahe Anpassung von Wäldern an den Klimawandel zusammenzutragen. Dazu analysiert sie praxisnahe Beispiele aus verschiedenen Regionen, insbesondere in Bezug auf die natürliche Verjüngung klimafitter Baumarten. Die Fallstudien geben konkrete Handlungsempfehlungen für die Forstbetriebe und dienen als Orientierung für die langfristige Waldplanung. Zudem wird untersucht, wie Mischwälder und naturnahe Bewirtschaftungsformen helfen können, die Stabilität und Anpassungsfähigkeit der Wälder zu erhöhen. Die Erkenntnisse tragen dazu bei, die Waldfunktionen auch unter veränderten Klimabedingungen langfristig zu gewährleisten. Inzwischen gibt es zehn Fallbeispiele, die online verfügbar sind: Broc (FR), Thusis (GR), Schleitheim (SH), Lütschinentäler (BE), Haslital (BE), Schwerzenbach (LU), Ammerswil (AG), Habsburg (AG), Kandergrund (BE) und Müseren (AG) siehe auch: www.waldbau-sylviculture.ch.

6 Multifunktionaler und adaptiver Waldbau

Gepflanzter Fichtenbestand an der Süftenenegg im Berner Oberland. Die starke Konkurrenz der Bodenvegetation (Hochstauden) erschwert selbst bei genügend Licht die Verjüngung.
Bild: Julian Muhmenthaler

Nachdem wir uns mit allen notwendigen Grundlagen vertraut gemacht haben, ist es nun an der Zeit, sich konkret dem Waldbau in der Schweiz zu widmen.

6.1 AUFGABE DER WALDBEWIRTSCHAFTUNG

Wie in Kapitel 2 ausführlich erläutert wurde, hat sich im Laufe der Zeit auch die Aufgabe der Waldbewirtschaftung stark verändert. Die Kernaufgabe der modernen Waldbewirtschaftung ist es, durch Pflege und Unterhalt der Wälder **die nachhaltige Bereitstellung der Waldleistungen zu gewährleisten.**

Obwohl die Bedeutung der Waldleistungen ausserhalb der Holzproduktion weitgehend anerkannt wird, ist der Holzverkauf bis heute die wichtigste Einnahmequelle für diejenigen, die Wald besitzen oder bewirtschaften. Die Holzproduktion agiert gewissermassen als Bindeglied zwischen der Waldbewirtschaftung und den Waldleistungen und geniesst in der Waldplanung zu Recht einen hohen Stellenwert.

Holz ist ein nachwachsender Rohstoff und kann vielfältig eingesetzt werden. Qualitativ hochwertiges Holz kann zu Balken und Brettern verarbeitet werden und ersetzt dabei energieintensive Baustoffe wie Stahl oder Beton. Der von den Bäumen aufgenommene Kohlenstoff bleibt dabei im Holz gebunden und trägt so zu einer positiven CO_2-Bilanz bei. Holz von geringer Dimension oder Qualität kann stofflich (Papierherstellung) oder chemisch (Zellstoff) genutzt werden und ersetzt auf diese Weise Holz, das aus intensiven Monokulturen im fernen Ausland stammt. Schliesslich kann Holz auch energetisch genutzt werden und ersetzt dabei fossile, das heisst nicht erneuerbare Brennstoffe wie Öl und Gas.

Die Holzproduktion ist demnach auch heute noch ein Kernelement der Waldbewirtschaftung. Die in diesem Kapitel vorgestellten Ansätze fokussieren somit auf die Holzproduktion, berücksichtigen aber im Entscheidungsprozess bewusst auch andere Waldleistungen.

Eine wichtige volkswirtschaftliche Bedeutung hat die Waldbewirtschaftung insbesondere bei der Vermeidung künftiger Kosten. Ausfälle in der Schutzwaldleistung müssen mit technischen Massnahmen überbrückt werden, die um Grössenordnungen teurer sind als die Waldpflege. Selbst in nicht als Schutzwald eingestuften Wäldern sind natürliche Ausfälle vielfach mit hohen Kosten verbunden. Entlang von Wegen müssen abgestorbene Bäume häufig aufgrund von Sicherheitsbedenken entfernt werden, was aufgrund des geringen Holzanfalls meist nicht kostendeckend möglich ist. Eine vielfältige, zukunftsfähige Baumartenbestockung ermöglicht es ausserdem, den Wald naturnah und dementsprechend mit weniger Aufwand zu bewirtschaften.

6.2 ZAUBERWORT: LICHTDOSIERUNG

Die Waldbewirtschaftung ist eine wenig intensive Art der Landnutzung. Im Gegensatz zur Landwirtschaft wird dabei weder der Boden bearbeitet noch irgendwelche wachstumsfördernde Stoffe (Dünger) oder künstliche Bewässerung eingesetzt. Auch die Umweltbedingungen (Standortfaktoren), die den Standortstyp definieren, können waldbaulich nicht beeinflusst werden. Die einzig massgebliche waldbauliche Steuerungsmöglichkeit besteht darin, einzelne Bäume zu fällen und damit die Lichtverfügbarkeit für den verbleibenden Bestand (bei Pflege und Durchforstung) oder die nächste Baumgeneration (bei der Ernte/Verjüngung) zu erhöhen.

Eine gezielte Lichtdosierung macht es möglich, die natürlichen Konkurrenzverhältnisse zugunsten der Zielbaumarten zu verschieben, und spielt deshalb waldbaulich eine zentrale Rolle. Unter diffusen Lichtverhältnissen werden lichtbedürftige Baumarten wie die Eiche in der Installationsphase innert weniger Jahre komplett von schattentoleranteren Baumarten wie der Buche verdrängt. Die Eiche profitiert jedoch mehr von zusätzlichem Licht als die Buche. Dementsprechend kann sich die Eiche bei höherer Lichtverfügbarkeit besser gegen die Buche behaupten. Dieser Konkurrenzvorteil reduziert den notwendigen Pflegeaufwand, um eine Bestockung mit einem grossen Eichenanteil zu erhalten. Durch eine ausgeklügelte Lichtdosierung ist es also möglich, vielfältige Bestockungsziele mit vertretbarem Aufwand zu erreichen. Darin liegt die Kunst des naturnahen Waldbaus.

6.3 BIOLOGISCHE RATIONALISIERUNG

Die biologische Rationalisierung bezweckt die Reduktion der Produktionskosten, indem natürliche Prozesse besser genutzt werden. Frei nach dem Motto: Alles, was die Natur gratis anbietet und mit den waldbaulichen Zielen übereinstimmt, stellt eine Ersparnis dar. Die Überlegungen zu den Kosten und Nutzen waldbaulicher Eingriffe führten bereits in der Vergangenheit zum Prinzip der Wertkonzentration. Demnach beschränken sich die Eingriffe ausschliesslich auf die potenziellen Wertträger (Z-Bäume). Hier ist anzumerken, dass der Begriff Wert wiederum multidimensional zu verstehen ist und sich sowohl auf den ökonomischen Wert des Holzes als auch auf den ökologischen (Biodiversität) oder sogar den ästhetisch-kulturellen Wert eines einzelnen Baumes oder eines ganzen Waldes beziehen kann.

Die Z-Bäume für die Holzproduktion sollen primär anhand der Vitalität der Bäume ausgewählt werden. Denn je höher die Vitalität ist, desto schneller werden die Produktionsziele erreicht. Hinzu kommt, dass zahlreiche Holzfehler (Verfärbungen, Fäulen) mit dem Alter des Baumes immer wahrscheinlicher werden und zu einer Wertverminderung führen können. Es lohnt sich also nicht, wenig vitale Bäume zu begünstigen, da diese auf Eingriffe nicht oder kaum reagieren. Je höher die Vitalität ist, desto geringer sind somit die Produktionsrisiken.

Waldbauliche Eingriffe zugunsten der Z-Bäume finden stets situativ statt und werden an die Eigenschaften der geförderten Baumarten angepasst. Im Füllbestand (alle

Bäume, die keine Z-Bäume sind) finden keinerlei Eingriffe statt, solange die Entwicklung der Z-Bäume nicht beeinträchtigt wird (also keine negative Auslese, siehe Kapitel 2.7).

Wird die Anzahl geförderter Z-Bäume reduziert, führt dies zu einem verminderten Pflegeaufwand und damit auch zu geringeren Investitionen in den Bestand. Die situative Auslesedurchforstung, wie sie aktuell praktiziert wird (oder werden sollte), konzentriert sich einzig auf die potenzielle Wertleistung der Z-Bäume. Stehen auf einer Teilfläche keine geeigneten Kandidaten (Bäume der gewünschten Art, mit guter Vitalität und Qualität), werden keine Z-Bäume bezeichnet und in der Folge auch keine Pflegeeingriffe durchgeführt. Auch in der Jungwaldpflege wurde mit der Zeit die Anzahl geförderter Bäume stark reduziert. Die früher häufig praktizierte flächige Pflege sehr junger Bestände, die Erdünnerung, ist glücklicherweise immer seltener anzutreffen. Grund dafür ist neben den hohen Kosten besonders die unerwünschte Homogenisierung des Bestands.

Über den Produktionszyklus eines Baumes werden die Kosten der Waldpflege, das heisst die Investition, über die Häufigkeit und die Intensität der Eingriffe bestimmt. Um die Kosten der Waldpflege zu verringern, kann also zunächst der Ersteingriff so lange wie möglich hinausgezögert werden. Der Vorteil bei diesem Vorgehen besteht darin, dass man die natürlichen Prozesse der Selbstdurchforstung (Stammzahlreduktion) und der natürlichen Differenzierung nutzen kann. Dementsprechend ist die Stammzahl beim ersten Eingriff bereits deutlich kleiner, was die Orientierung und Begehbarkeit erleichtert, und auch die Vitalität der Individuen ist deutlicher erkennbar.

Klimaxbaumarten wie die Buche eignen sich besonders gut für einen späten Ersteingriff. Sie dominiert natürlicherweise auf vielen Standortstypen des Mittellandes. Je dichter der Bestand, desto besser die Erziehung der Stämme. Die Reaktionsfähigkeit der Krone bleibt dabei bis ins hohe Alter bestehen. Selbst wenn Buchenkronen spät freigestellt werden, können sie sich nach wie vor entwickeln und den neu verfügbaren Raum erschliessen. Entsprechend kann der erste Eingriff problemlos erst mit 40 oder sogar 60 Jahren erfolgen.

Licht- und wärmebedürftigere Zukunftsbaumarten wie die Eiche brauchen auf den meisten Standortstypen heute noch tatkräftige Unterstützung, um sich gegen die immer noch starke Buchenkonkurrenz durchzusetzen. Obwohl die Eiche eine gute Reaktionsfähigkeit bis ins hohe Alter aufweist, sollte früh genug mit der Dimensionierung der Krone begonnen werden. Eine grosse Krone führt zu einer höheren Einzelbaumstabilität und verringert das Risiko der späteren Klebastbildung bei der progressiven Freistellung.

Auch für die Esche ist ein später Ersteingriff nicht geeignet. In vollem Licht ist sie sehr dominant, büsst jedoch mit dem Alter rasch an Reaktionsfähigkeit ein. Deshalb müssen Eschen in der Jugend unbedingt über viel Raum verfügen, um eine kräftige Krone zu entwickeln. Der erste Eingriff sollte in diesem Fall nicht später als mit 15 bis 20 Jahren erfolgen.

Die Häufigkeit der Eingriffe zu verringern, indem die Eingriffsstärke erhöht wird (mehr Konkurrenten entfernt), setzt eine sorgfältige Analyse der Eigenschaften des zu fördernden Baumes voraus. Umso stabiler dieser ist, desto stärker kann der Eingriff sein. Allerdings ist auch der Einfluss einer starken Freistellung auf die Qualität zu bedenken: Hat die natürliche Astreinigung eine genügende Höhe erreicht? Besteht die Gefahr der Klebastbildung?

6.3.1 Weitere Formen der Rationalisierung

Eine Möglichkeit der **operationellen Rationalisierung** besteht darin, Holz nur dann abzuführen, wenn dies kostendeckend möglich ist. Neben dem offensichtlichen finanziellen Vorteil gibt es dabei auch positive Nebeneffekte. Indem auf die Abfuhr des Holzes verzichtet wird, wird die Bodenverdichtung sowie die Verletzungsgefahr der im Bestand verbleibenden Bäume reduziert. Das Totholz zersetzt sich vor Ort und erfüllt dadurch wertvolle ökologische Funktionen. Ausserdem werden die darin enthaltenen Nährstoffe während der Zersetzung wieder an den Boden abgegeben. Zur operationellen Rationalisierung gehört auch die gezielte räumliche Bündelung waldbaulicher Eingriffe, mit dem Ziel, die Fahrtwege für Forstpersonal und -maschinen zu minimieren.

Die **technische Rationalisierung** wiederum setzt auf die Anwendung angepasster Arbeitsmethoden und Holzernteverfahren, um die Waldpflege und die Holzernte effizient und sicher zu gestalten. Zweifelsfrei wurden in den letzten 50 Jahren im Bereich der Mechanisierung die grössten Fortschritte erzielt. Dabei wurden neue Methoden oft in der Folge von Sturmereignissen eingeführt: Zur Bewältigung temporärer Arbeitsüberschüsse war man gezwungen, bislang wenig verbreitete Holzernteverfahren anzuwenden. So kamen 1999 aufgrund des enormen Holzanfalls nach dem Wintersturm Lothar auf vielen Flächen erstmals Vollernter (Harvester) für die Ernte und Forwarder für den Holztransport zum Einsatz.

6.4 WALDPLANUNG UND FORSTEINRICHTUNG

Artikel 20 des Waldgesetzes verpflichtet die Kantone, Planungs- und Bewirtschaftungsvorschriften zu erlassen und dabei der nachhaltigen Holzversorgung, dem naturnahen Waldbau sowie dem Natur- und dem Heimatschutz Rechnung zu tragen. Auf kantonaler Ebene wurden dafür kantonale Gesetzgebungen erarbeitet. Auf operativer Ebene dient der sogenannte **Waldentwicklungsplan WEP** (im Kanton Bern: Regionaler Waldplan) als behördenverbindliche Planungsgrundlage. Im WEP werden eigentumsübergreifende Entwicklungsziele und -massnahmen sowie die jeweilige Stossrichtung für die kantonalen Wälder definiert. Damit werden einerseits die kantonale Wald- und Raumplanung aufeinander abgestimmt sowie die Vorrangfunktionen (siehe Kapitel 1.8) der Wälder festgelegt.

Auch innerhalb eines Forstbetriebs gibt es unterschiedliche Planungsebenen, die durch unterschiedliche Überlegungen und Zielsetzung charakterisiert werden. Die Tabelle 6.1 zeigt die drei Planungsebenen in einem Forstbetrieb und Beispiele der individuellen Zielsetzungen.

Tabelle 6.1 Darstellung der unterschiedlichen Planungsebenen und entsprechenden Zielsetzungen

Planungseinheit	Waldbauliche Zielsetzungen
Forstbetrieb	Hiebsatz Nachhaltige Verjüngungsfläche (Altersklassenwald) Gleichgewichtsvorrat (Dauerwald) Betriebliches Bestockungsziel
Abteilung/Bestand	Vorrangfunktion Bestockungsziel Anzahl Z-Bäume Anzahl Habitatbäume Totholzvorrat
Baum	Zieldurchmesser Astfreie Stammlänge Umtriebszeit

Auf Ebene des Forstbetriebs dient der **Betriebsplan** als oberste operative Planungsgrundlage. Im Betriebsplan werden der aktuelle Zustand der Wälder, die Zielsetzungen der Waldeigentümerschaften sowie die zur Zielerreichung vorgesehenen Massnahmen festgehalten. Dabei liegt der Fokus primär auf der nachhaltigen Waldbewirtschaftung und Holznutzung.

6.4.1 Hiebsatz

Auf Ebene des Forstbetriebs wird die nachhaltige Holznutzung über den sogenannten **Hiebsatz** sichergestellt. Der jährliche Hiebsatz bezeichnet das Holzvolumen, das während eines Jahres in einem gegebenen Forstrevier genutzt werden darf. Der Hiebsatz wird in der Regel beim Erstellen des Betriebsplans definiert und von den zuständigen kantonalen Amtsstellen genehmigt. Der Hiebsatz soll eine Übernutzung des Waldes verhindern und wird deshalb in der Regel auf Höhe des natürlichen Produktionspotenzials (= Zuwachs) festgesetzt. Der Hiebsatz ist bindend und muss bei der waldbaulichen Planung durch die Forstbetriebe zwingend eingehalten werden.

Dies bedeutet allerdings nicht, dass der Hiebsatz immer genau dem Zuwachs entsprechen muss. Abweichungen sind möglich, wenn eine Anpassung des Vorrats nötig wird, zum Beispiel ein Vorratsabbau, um mehr Licht auf den Boden zu bringen und einen höheren Anteil an Lichtbaumarten zu verjüngen. Die Bestimmung des Hiebsatzes entspricht also einer strategischen Entscheidung. Der Hiebsatz umfasst neben den bei der regulären Bewirtschaftung entnommenen Bäumen auch die anfallenden Zwangsnutzungen aufgrund von natürlichen Ereignissen.

Wird der Hiebsatz eingehalten, bleibt der durchschnittliche Holzvorrat über den Forstbetrieb theoretisch konstant (= nachhaltige Holznutzung). Es können jedoch keinerlei Aussagen über die Zusammensetzung und Zukunftsfähigkeit der Bestockung gemacht werden.

6.4.2 Nachhaltige jährliche Verjüngungsfläche

Geht es um die Zukunftsfähigkeit, hilft das Konzept der **nachhaltigen jährlichen Verjüngungsfläche.** Sie entspricht der jährlich zu verjüngenden Waldfläche, um einen «idealen» Gleichgewichtszustand der Altersklassen über die Fläche eines Forstbetriebs aufrechtzuerhalten, und berechnet sich wie folgt:

$$F^V = F_{Tot} / u$$

F^V: theoretische jährliche Verjüngungsfläche [ha]
F_{Tot}: Fläche des gesamten betrachteten Perimeters [ha]
u: Umtriebszeit [Jahre]

Dieses Konzept entspricht der frühesten Form der Nachhaltigkeitskontrolle im Altersklassenwald (siehe Kapitel 2.3), kann aber ohne Weiteres auch auf gemischte oder ungleichförmige Bestände übertragen werden.

Beispiel

Eine Korporation möchte auf ihren 100 Hektaren Wald einen nachhaltig aufgebauten Wald mit Baumartenanteilen von 10 % Kirsche, 40 % Eiche, 20 % Spitz-Ahorn und 30 % Buche erreichen und dabei Wertholz produzieren. Das bedeutet, dass insgesamt stets etwa 10 Hektaren von der Kirsche, 40 Hektaren von der Eiche, 20 Hektaren vom Spitz-Ahorn und 30 Hektaren von der Buche bedeckt sein sollten. Da die Umtriebszeiten dieser Baumarten jedoch sehr unterschiedlich sein können (zum Beispiel Kirsche 60 Jahre, Eiche 120 Jahre, Spitz-Ahorn 100 Jahre, Buche 80 Jahre), muss dies bei der Berechnung der nachhaltigen jährlichen Verjüngungsfläche mitberücksichtigt werden.

Die Berechnung der baumartenspezifischen nachhaltigen jährlichen Verjüngungsflächen erfolgt pro Baumart über den angepeilten Flächenanteil gemäss der oben genannten Formel. Um die gewünschten 10 Hektaren Kirschbäume mit einer nachhaltigen Altersstruktur zu erreichen (Umtriebszeit 60 Jahre), müssen demnach jährlich 0,16 Hektaren (= 10 ha/60 Jahre) mit Kirsche verjüngt werden. Für die Eiche sind das 0,33 Hektaren (= 40 ha/120 Jahre), für den Spitz-Ahorn 0,2 Hektaren (= 20 ha/100 Jahre) und für die Buche 0,375 Hektaren (= 30 ha/80 Jahre). Insgesamt sollten also jährlich 1,07 Hektaren verjüngt werden, davon rund 15 % mit Kirsche, 30 % mit Eiche, 20 % mit Spitz-Ahorn und 35 % mit Buche.

Da auch die ungefähren Endabstände bekannt sind, lässt sich die jährliche Anzahl an Z-Bäumen (siehe Kapitel 6) bestimmen, die pro Baumart aufgezogen werden sollten. So wird beispielsweise für die Eiche ein Endabstand von 12 bis

15 Metern empfohlen, was im ausgewachsenen Zustand einem Standraum von rund 125 bis 200 Quadratmetern entspricht. Auf der jährlichen nachhaltigen Verjüngungsfläche von 0,33 Hektaren (3300 m^2) finden bei optimaler räumlicher Verteilung demnach etwa 16 bis 26 ausgewachsene Eichen Platz. Bei der Verjüngung sollte also darauf geachtet werden, dass genügend kleine Eichen mit genügender Vitalität und in angemessener räumlicher Verteilung vorhanden sind, um daraus später die gewünschten 16 bis 26 Z-Bäume auswählen zu können.

Diese Verjüngung kann entsprechend den Lichtbedürfnissen der Zielbaumarten sowohl flächig als auch diffus über die Fläche verteilt erfolgen. Für den oben genannten Mischungsgrad bietet sich eine grosse Verjüngungsöffnung an: Im stark besonnten nördlichen Teil der Lücke reichen die Lichtverhältnisse für die Verjüngung der Kirsche und der Eiche, weiter im Süden der Öffnung begünstigt die Beschattung der umliegenden Bäume (ausserhalb der Öffnung) die Entwicklung des Spitz-Ahorns und der Buche.

6.5 BEHANDLUNGSKONZEPT

Um die Waldbewirtschaftung effizient und zielgerichtet zu gestalten, sollte für jede Bewirtschaftungseinheit der komplette Produktionszyklus geplant werden. Es braucht also von Beginn an ein Konzept, das sowohl die waldbaulichen Ziele als auch die geplanten waldbaulichen Eingriffe festhält. Das Behandlungskonzept umfasst die Planung eines gesamten Produktionszyklus, von der Verjüngung bis zur Ernte. Wie immer in der Waldbewirtschaftung gibt es auch hier kein allgemeingültiges Rezept.

6.6 DIE WALDVERJÜNGUNG

Das Leben eines Baumes beginnt mit der Verjüngung. Durch den Ausfall oder die Entnahme eines Baumes oder Teile eines Bestands entstehen Lücken im Kronendach. Unter Einfluss des zusätzlichen Lichteinfalls entwickelt sich in dieser Lücke natürlicherweise eine neue Baumgeneration: die Verjüngung. Die Art der Waldverjüngung (mit oder ohne klarer Generationenablösung) unterscheidet sich in Dauerwald und flächig verjüngtem Wald (Altersklassenwald), wenn auch eine pauschale Abgrenzung in diese zwei Strömungen unscharf und dadurch problematisch ist (siehe Kapitel 2).

In Wäldern mit klarer Generationenablösung können die Bedingungen, unter denen die Verjüngung aufwächst, über die bewusste Wahl der Lückengrösse und des Verjüngungszeitraums gesteuert werden. Der Verjüngungszeitraum bezeichnet dabei die Dauer der Generationenüberlappung, vom ersten Eingriff, der die Verjüngung einleitet (= Verjüngungszeitpunkt), bis zur Räumung, bei der die letzten Individuen der alten Baumgeneration, mit der Ausnahme von Habitatbäumen und allfälligen Überhältern

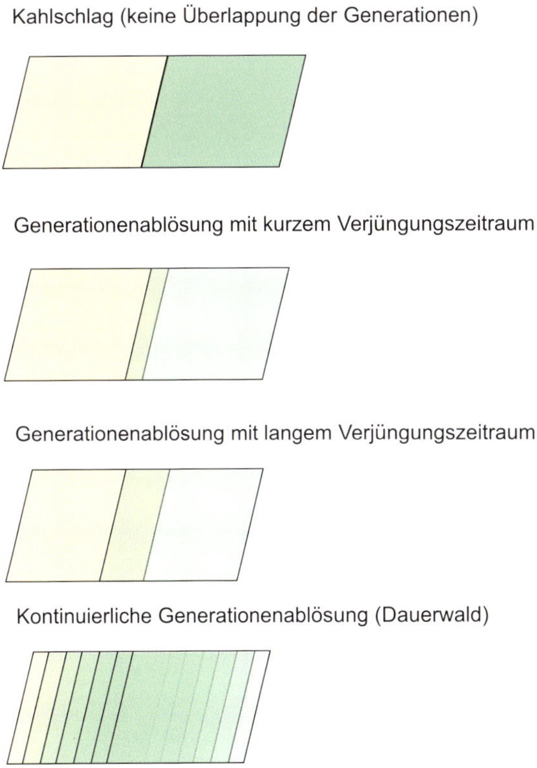

Abb. 6.1 Darstellung der Generationenüberlappung bei unterschiedlichen Verjüngungsverfahren

(Bäume, die vorwiegend zur Holzproduktion noch für längere Zeit im bereits verjüngten Bestand verbleiben), geerntet werden.

Die zukünftige Mischung wird massgeblich durch die Verjüngungsbedingungen geprägt und definiert die Bestockung eines Bestands für viele Jahrzehnte. Besonders im Rahmen der Klimaveränderungen kommt der gezielten Verjüngung daher eine überragende Rolle zu (siehe Kapitel 5).

Die Wahl des **Verjüngungsverfahrens** hat also einen grossen Einfluss auf die zukünftige Zusammensetzung und Struktur eines Waldes. Ausschlaggebend dafür sind vornehmlich die Lichtbedingungen, unter denen sich die Folgegeneration entwickelt. Deshalb werden die Verjüngungsarten anhand der Lückengrösse in unterschiedliche Kategorien eingeteilt. Mit zunehmender Lückengrösse und damit einhergehender höherer Lichtverfügbarkeit für die Verjüngung sind dies Plenterwald (einzelbaumweise, Lückengrösse bis 300 m^2), Dauerwald beziehungsweise Gruppen-Plenterwald (maximal gruppenweise, Lückengrösse bis 1000 m^2), mosaikartiger ungleichförmiger Wald (Lückengrösse bis 5000 m^2), Femelschlag (Lückengrösse variabel, progressive Erweiterung), Saumschlag (Saumbreite und -länge variabel), Schirmschlag (Flächengrösse variabel, auch sehr grossflächig möglich).

Abb. 6.2 Im Plenterwald erfolgt die Nutzung einzelbaumweise. Daraus entstehen sehr kleine Lücken mit geringem Lichteinfall.

Plenterwald

Im Plenterwald wird die Verjüngung durch die Entnahme einzelner Bäume eingeleitet. Es entstehen kleine Lücken (bis 300 m^2), in denen sich die Verjüngung entwickelt. Die Folge sind Wälder mit hoher kleinflächiger Strukturvielfalt, wo auf kleinster Fläche Bäume unterschiedlichen Alters und unterschiedlicher Grösse vorkommen.

Die Verjüngung erfolgt also diffus über die Fläche verteilt. Regelmässige, aber relativ schwache Eingriffe sind notwendig, um diese ungleichförmige Struktur langfristig zu erhalten. Aufgrund des schwachen Lichteinfalls in den kleinen Einzelbaumlücken gelingt es vorwiegend den schattentoleranten Klimaxbaumarten, hier aufzuwachsen.

Dauerwald/Gruppenplenterung

Um auch die Verjüngung von Halbschattenbaumarten in angemessenen Anteilen zu ermöglichen, werden im Dauerwald moderner Prägung anstatt einzelner Bäume ganze Trupps (bis 500 m^2) oder Gruppen (bis 1000 m^2) entnommen. Die etwas grösseren Lücken erlauben es je nach Standortstyp vermehrt auch anderen Laubbaumarten wie dem Ahorn oder der Hainbuche aufzukommen.

Im Gebirge entspricht diese Vorgehensweise der sogenannten Gruppenplenterung, bei der, wie der Name sagt, ganze Baumgruppen entnommen werden. Der Unterschied liegt in den kälteren Bedingungen im Gebirge, wo selbst Halbschattenbaumarten wie die Fichte deutlich mehr Licht (und Wärme) brauchen, um aufzuwachsen. Im Gebirge sind also in der Regel grössere Lücken notwendig, um die jeweiligen Baumarten erfolgreich zu verjüngen, als auf den verjüngungsgünstigen Standorten der tieferen Lagen.

Mosaikartiger, ungleichförmiger Wald

Der mosaikartige, ungleichförmige Wald ist die neuste Entwicklung des Dauerwaldgedankens. Um eine möglichst diverse Verjüngung aufzubringen, sind zum Teil grössere Lücken erforderlich. Demnach wird die Verjüngung über die Entnahme von bis

Abb. 6.3 Der mosaikartige Dauerwald erlaubt Lücken bis zu etwa einer halben Hektare und ermöglicht damit einen gewissen Anteil lichtbedürftigerer Baumarten. Im Gegensatz zum Femelschlag werden diese Lücken nicht progressiv erweitert.

zu ganzen Horsten (bis 1000 m²) oder gar kleinen Beständen (bis 5000 m²) eingeleitet. Daraus entsteht ein Mosaik an unterschiedlich grossen Verjüngungsflächen, in denen es auch einigen Lichtbaumarten mit entsprechender Pflege gelingt, sich zu entwickeln.

Femelschlag

Der Femelschlag, auch als Schweizer Femelschlag oder als «swiss freestyle cutting» bekannt, ist die Verjüngungsart mit dem grössten räumlichen und zeitlichen Spielraum bei der Lichtdosierung. Sie wird deshalb zum Teil auch als freie Hiebsführung bezeichnet. Der Femelschlag kombiniert organisatorische und waldbauliche Überlegungen und ist deshalb besonders flexibel in der Ausführung.

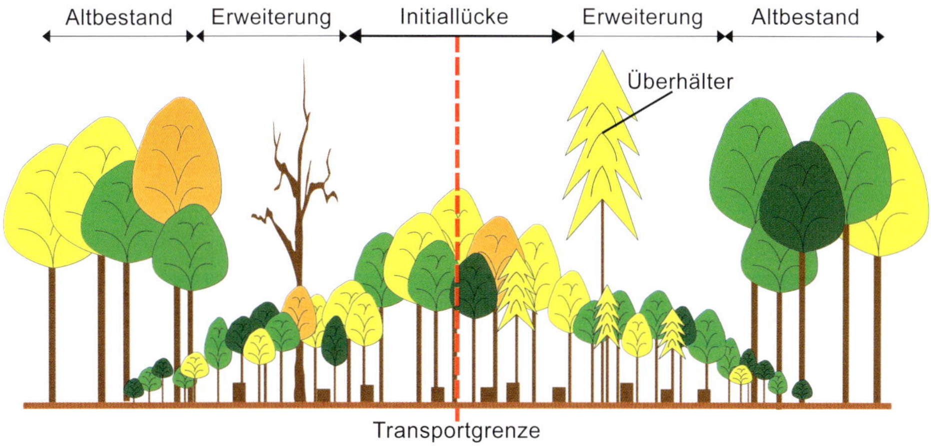

Abb. 6.4 Der Femelschlag beginnt mit einer initialen Lücke, die im Laufe der Zeit entsprechend den Lichtbedürfnissen der Verjüngung sukzessive erweitert wird.

Beim Femelschlag beginnt die Verjüngung mit einer Femellücke variabler Grösse, die sich idealerweise auf der Transportgrenze befindet, damit die Bäume am Rand jeweils in den Altbestand gefällt werden können und nicht die wertvolle Verjüngung beschädigen.

Diese Lücken werden dann durch sogenanntes Abrändeln sukzessive erweitert, bis am Ende des Verjüngungszeitraums die letzten Individuen des Altbestands (bis auf Überhälter und Habitatbäume) innerhalb der Verjüngungseinheit geerntet werden.

Beispiel: Femelschlag in Lengnau (AG)

Der Femelschlag hat in den Lengnauer Wäldern lange Tradition. 1986 übernahm Franz Suter nach Abschluss der Försterschule das Amt des Revierförsters von seinem Vater. Bis dahin wurde der Wald grösstenteils durch Räumungen mit anschliessender Pflanzung und Wildschutzzäunen verjüngt. Von Beginn an setzte Franz Suter auf den relativ jungen Femelschlag und bewirtschaftete die Wälder von Lengnau 35 Jahre lang konsequent nach diesen Prinzipien.

Abbildung 6.5 zeigt das Resultat einer generationenübergreifenden Verjüngung mittels eines frei geführten Femelschlags. Die letzte Etappe dieser Verjüngungseinheit wurde 2021 gemeinsam von Franz Suter und seinem Nachfolger, Roman Häusermann, angezeichnet und durch die Equipe des Forstbetriebs Lengnau aus-

Abb. 6.5 Femellücke mit ausgiebiger natürlicher Föhren- und Lärchenverjüngung in den Wäldern von Lengau (AG), 2024. Bild: Julian Muhmenthaler

geführt. Diese gemeinsamen Anzeichnungen sichern den Wissenstransfer und fördern eine zusammenhängende Waldvision, sowohl für die Bewirtschaftenden als auch die Waldbesitzenden.

Rechts und links im Bild sind die Ausläufer der Verjüngungskegel der bereits zuvor geöffneten Lücken zu sehen. Dank der grosszügigen Lichtzufuhr und der durch die sauren Böden (Standortstyp 7c) reduzierten Buchenkonkurrenz konnte sich eine reichliche, natürliche Lärchen- und Föhrenverjüngung einstellen. Mit der Entnahme des verbleibenden Waldstreifens zwischen den zwei Verjüngungszellen wurde die Verjüngung dieser Einheit abgeschlossen. Um die Baumartenvielfalt und den Laubholzanteil weiter zu erhöhen, wurden ausserdem einige Edelkastanien eingepflanzt und aufgrund des höheren Verbissrisikos dieser Baumart mittels Wuchshüllen geschützt.

Im Hintergrund sind einige Überhälter zu sehen, die zum Schutz der Verjüngung sowie zur Holzproduktion noch einige Jahrzehnte im Bestand bleiben werden. Eine dürre Lärche wurde aus ökologischen Gründen gezielt als Habitatbaum stehen gelassen. In der Öffnung der 2021 verjüngten Etappe (Bildmitte) hat sich zunächst ein dichter Teppich aus Süss- und Sauergräsern sowie lokal auch Adlerfarn angesiedelt. Darunter sind jedoch überall kleine Baumsämlinge vorhanden, die sich bereits etablieren konnten, etwa Föhren, Lärchen, Buchen, Fichten, Birken und vermutlich noch einige Arten mehr. Durch eine Kooperation mit der lokalen Jagdgesellschaft werden solche Verjüngungsflächen ausserdem gezielt punktuell bejagt, damit der Verbissdruck begrenzt werden kann.

Saumschlag

Im Saumschlagverfahren werden die Bestände in Streifen (Säume) verjüngt. Durch das einfallende Seitenlicht kann sich im Innensaum (unter den Bäumen, die beim nächsten Hiebsfortschritt geerntet werden) die Verjüngung bereits etablieren, bevor sie beim nächsten Eingriff freigestellt wird.

Die Lichtdosierung im Schirmschlag erfolgt hauptsächlich anhand zweier Steuerungsgrössen. Die Saumbreite und der Hiebsfortschritt (Zeit zwischen den Eingriffen) können entsprechend den Bedürfnissen der Baumarten im Bestockungsziel angepasst werden. Breitere Säume und/oder ein schnellerer Hiebsfortschritt begünstigen das Aufkommen lichtbedürftiger Baumarten. Der Saum muss nicht unbedingt auf einmal komplett geerntet werden. Der Saumschlag kann gut mit den Prinzipien des Schirmschlags (nächster Abschnitt) kombiniert werden.

Aufgrund der geradlinigen Hiebsführung ist der Saumschlag im Gebirgswald oft besonders geeignet, wo das Holz per Seilkran abtransportiert werden muss. Dabei sollte jedoch darauf geachtet werden, dass die Linien nicht in Fallrichtung verlaufen, da sonst besonders bei gravitativen Naturgefahren (Lawinen und Steinschlag) die Schutzwir-

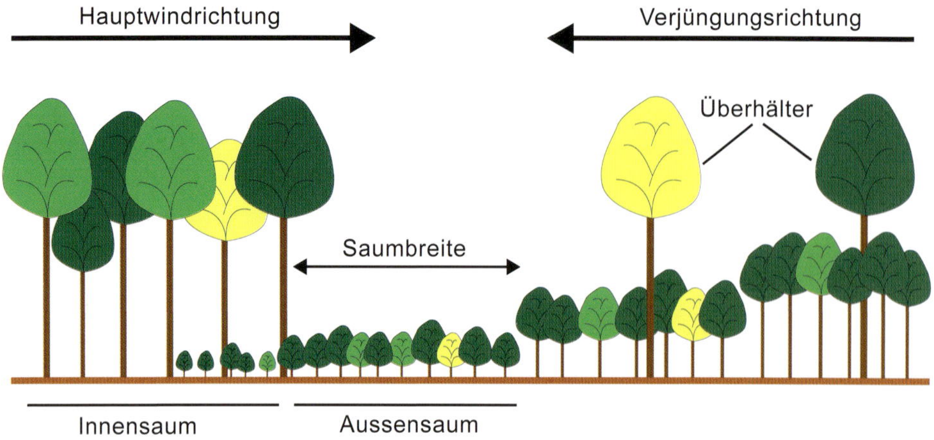

Abb. 6.6 Im Saumschlag werden die Bestände in Streifen verjüngt. Die Lichtodsierung kann durch einen schnelleren Hiebsvortschritt und/oder die Saumbreite erfolgen.

kung gefährdet wird. Ausserdem sollte es durch die bewusste Orientierung der Hiebsführung vermieden werden, Steilränder in der Hauptwindrichtung zu schaffen. Die Schlagrichtung verläuft demnach idealerweise in entgegengesetzter Richtung.

Schirmschlag

Der Schirmschlag ist eine sehr alte Verjüngungsart, die in ganz Europa praktiziert wird. Dabei wird der Ausgangsbestand etappenweise entfernt, sodass die Folgegeneration sich zunächst unter dem Schirm (daher der Name) der verbleibenden Altbäume etablieren kann.

Die Verjüngung mittels Schirmschlag beginnt mit dem Besamungshieb, der die Grundbedingungen für eine erfolgreiche Ansamung der Zielbaumarten schafft. Dazu wird ein gewisser Anteil des Vorrats entnommen (zum Beispiel 40 %): zunächst die Bäume von geringer Vitalität und Qualität. Die verbleibenden Individuen (mit besserer Durchschnittsqualität) bleiben als Samenbäume vorerst stehen. Die erhöhte Lichtverfügbarkeit am Boden führt nun zum flächigen Aufkommen der Verjüngung (aus den Samen der hochwertigen Samenbäume).

Bei Baumarten wie der Eiche mit ausgeprägten jährlichen Schwankungen in der Samenproduktion sollte zudem darauf geachtet werden, dass der Besamungshieb während oder im Jahr nach einer starken Fruktifikation erfolgt.

In einem zweiten Schritt wird entsprechend der Lichtbedürfnisse der nun darunter installierten Verjüngung nochmals ein Anteil des Vorrats entnommen. Zuletzt werden in einer dritten und letzten Etappe die verbleibenden Bäume des Altbestands (bis auf allfällige Habitatbäume und Überhälter) geerntet und damit die Generationenablösung abgeschlossen. Typischerweise wird der Schirmschlag in zwei oder drei Etappen vollzogen. Theoretisch sind aber auch mehr Etappen mit geringerer Intensität möglich.

Abb. 6.7 Im Schirmschlagverfahren etabliert sich die Verjüngung zunächst unter dem Schirm des Altbestands, der dann in weiteren Etappen geerntet wird, um die Verjüngung freizustellen.

Der Verjüngungszeitraum und damit das Zeitintervall zwischen den Etappen wird gezielt nach den Lichtbedürfnissen der Zielbaumarten der Folgegeneration gewählt. Je lichtbedürftiger die Zielbaumarten sind, desto kürzer muss der Verjüngungszeitraum sein. Üblicherweise liegt er zwischen 10 und 30 Jahren.

Der Schirmschlag ist vor allem in den Eichenwäldern Südosteuropas verbreitet. Dort wird er zum Teil auf sehr grossen Flächen (bis weit über 1 km^2) erfolgreich angewandt. Auch in der Schweiz eignet sich der Schirmschlag besonders gut für die Verjüngung der Eiche auf Buchenstandorten – vorausgesetzt es sind genügend Eichen im Ausgangsbestand vorhanden. Auf Buchenstandorten verjüngt sich die Eiche in der Regel gut. Zum Aufwachsen braucht sie jedoch schnell mehr Licht, um sich gegen die Buchenkonkurrenz durchsetzen zu können.

Sowohl beim Saumschlag als auch beim Schirmschlag erfolgt die Verjüngung zwar flächig, aber die Entnahme des Altbestands findet nicht auf einmal statt. Daher lassen sich diese Bewirtschaftungsformen nicht vollständig in eine Kategorie der Lückengrössen einreihen. Die Lichtdosierung findet hier nicht nur über die Lückengrösse, sondern auch über die Eingriffsstärke und den Hiebfortschritt statt.

6.6.1 Wahl des Verjüngungsverfahrens

Die Wahl des Verjüngungsverfahrens ist eine der wichtigsten Aufgaben der Waldbewirtschaftung und eine zentrale Steuerungsmöglichkeit für die zukünftige Zusammensetzung der Wälder (siehe Kapitel 5). Die Entscheidung basiert dabei auf einer Vielzahl von Überlegungen auf verschiedenen Ebenen. Eine nicht abschliessende Liste der zu beachtenden Faktoren findet sich in Tabelle 6.2.

Tabelle 6.2: Wichtige Faktoren bei der Wahl des Verjüngungsverfahrens

Kontext	Entscheidende Faktoren
Waldbau	**Klimawandel und Zukunftsfähigkeit** **Angestrebte Baumartenzusammensetzung** Stabilität des Ausgangsbestands Bestandsstruktur Vorhandene Samenbäume Standortstyp Waldleistungen
Betrieb	Ausrüstung des Betriebs (Maschinen) Personal (Anzahl Mitarbeitende, Ausbildung) Forstliche Erschliessung
Ökonomie	Holzerntekosten Pflegekosten
Landschaft und Umwelt	*Übergeordnete Ziele* (**Vorrangfunktionen**) Landschaftliche Auswirkungen (Sichtbarkeit des Eingriffs) *Ökologische Auswirkungen*

6.6.2 Lichtbedürfnis und Lückengrösse

Bevor mit der Verjüngung begonnen wird, sollten stets klare Verjüngungsziele formuliert werden. Die Lichtverfügbarkeit hat einen entscheidenden Einfluss auf die Baumartenzusammensetzung der natürlichen Verjüngung und beeinflusst massgeblich den Pflegeaufwand, der zum Erreichen der Bestockungsziele benötigt wird. In Kapitel 5 wurde bereits beleuchtet, warum die Anpassung der Wälder an den Klimawandel vielfach nur über ein klares Bekenntnis zu grösseren Lücken naturnah und mit verhältnismässigem Aufwand erreicht werden kann.

Die initiale Lückengrösse und die progressive Erweiterung der Lücke haben einen direkten Einfluss auf die Lichtverfügbarkeit für die Verjüngung. Lichtbedürftigere Baumarten brauchen – wie der Name bereits sagt – mehr Licht, um sich angemessen entwickeln zu können. Je höher der Anteil an Lichtbaumarten an der Zielmischung ist, desto grösser muss die initiale Lücke gestaltet beziehungsweise desto schneller muss die Lücke erweitert werden, um die Konkurrenzverhältnisse aufseiten der Zielarten zu halten.

In einem geschlossenen Waldbestand ist die Lichtverfügbarkeit für die Verjüngung abhängig von der Lückengrösse. In kleinen Lücken (< 1000 m^2) verjüngen sich vorwiegend schattentolerante Baumarten. Ab Lückengrössen von ungefähr 25 Aren (2500 m^2) finden sich auf einem kleinen Anteil der Verjüngungsfläche Lichtverhältnisse, die auch für ausgesprochene Lichtbaumarten geeignet sind. Umso grösser die Verjüngungsfläche, desto höher der Flächenanteil mit für Lichtbaumarten geeigneten Lichtverhältnissen. Dabei sollte beachtet werden, dass es besonders auf mit Fichten bestockten

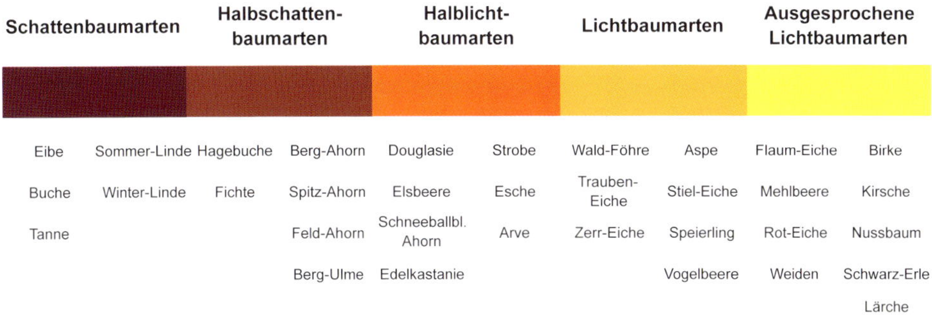

Abb. 6.8 Lichtbedarf der wichtigsten einheimischen Baumarten. Aus: Ammann et al., Welche Lückengrösse für die Verjüngung von Lichtbaumarten, Wald und Holz 3/24, 2024

Flächen bei einer plötzlichen Freistellung zu einer explosionsartigen Ausbreitung der Konkurrenzvegetation (Brombeere, Adlerfarn usw.) kommen kann. Durch eine progressive Freistellung kann die Vegetationskonkurrenz zumindest teilweise über die Lichtdosierung gesteuert werden.

Eine komplette Räumung der Fläche ist für eine erfolgreiche Verjüngung selten notwendig. Vielmehr sollte darauf geachtet werden, einige Überhälter (auch als Samenbäume) und Habitatbäume sowie einen angemessenen Totholzvorrat auf der Fläche zu erhalten.

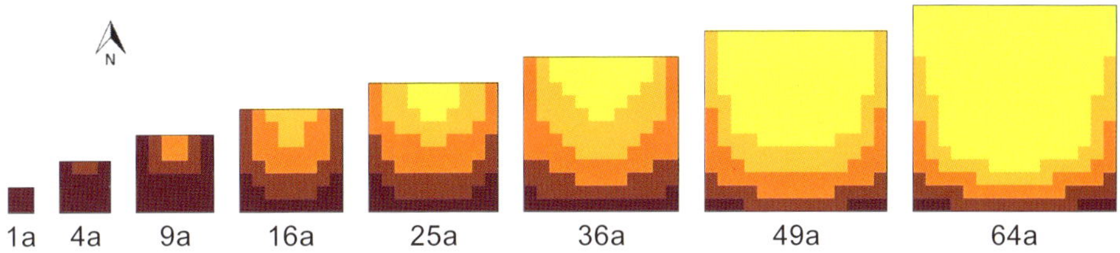

Abb. 6.9 Lichtbedingungen für die Verjüngung verschiedener Baumarten in Abhängigkeit der Lückengrösse. Aus: Ammann et al., Welche Lückengrösse für die Verjüngung von Lichtbaumarten, Wald und Holz 3/24, 2024

Die Verteilung der Lückengrössen auf Betriebsebene sollte entsprechend den langfristigen Bestockungszielen gewählt werden. Abbildung 6.10 zeigt zwei gleich grosse Verjüngungsflächen in unterschiedlichen Betriebsformen. Bei vielen kleinen Lücken verjüngen sich vorwiegend Schattenbaumarten. Soll hingegen ein höherer Anteil lichtbedürftigerer Baumarten verjüngt werden, können die Lücken zusammengelegt werden, um einen höheren Lichteinfall auf die Verjüngungsflächen zu ermöglichen.

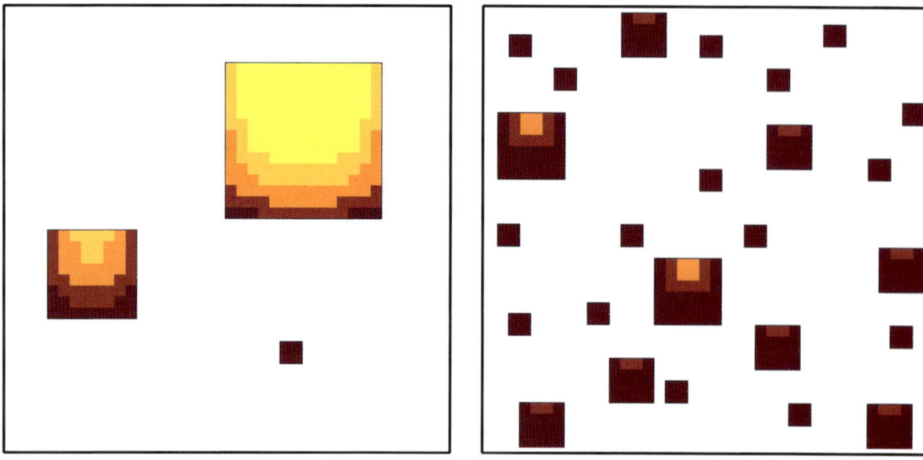

Abb. 6.10 In ungleichförmigen Wäldern (rechts) mit kleinen Verjüngungsflächen werden vorwiegend Schattenbaumarten verjüngt. Im flächig verjüngten Wald (links) kann bei gleicher Verjüngungsfläche aufgrund der grösseren Lücken ein grösserer Anteil lichtbedürftiger Arten aufkommen. Aus: Ammann et al., Welche Lückengrösse für die Verjüngung von Lichtbaumarten, Wald und Holz 3/24, 2024

Im Femelschlag werden die geschaffenen Lücken zudem sukzessive erweitert, das heisst, umrändelt. Dadurch kann die Lichtverfügbarkeit nicht nur für die Verjüngung, sondern bis ins Jugendalter der Bäume gesteuert werden. Mit schnellerem Hiebsfortschritt ist es auch mit einer initialen Lücke von 16 Aren (1600 m^2) möglich, einen gewissen Anteil an Lichtbaumarten zu verjüngen.

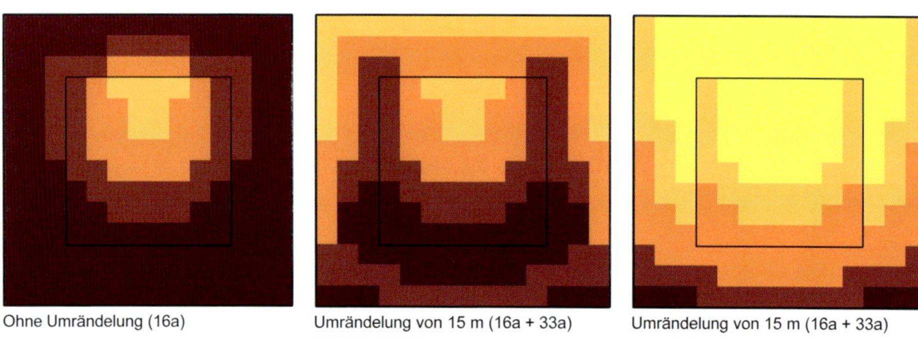

Abb. 6.11 Lichtverfügbarkeit bei unterschiedlichem Hiebsfortschritt. Links: initiale Lücke von 16 Aren ohne Erweiterung der Lücke, Mitte: gleiche initiale Lücke mit Umrändelung nach 15 Jahren, rechts: Umrändelung nach fünf Jahren. Aus: Ammann et al., Welche Lückengrösse für die Verjüngung von Lichtbaumarten, Wald und Holz 3/24, 2024

6.7 BESTANDSBEHANDLUNG

Wie in Kapitel 2 erläutert wurde, hat sich aufgrund der sich verändernden Produktionsbedingungen auch die Bestandsbehandlung im Laufe der Zeit stark verändert. Durch die hohen Lohnkosten ist der effiziente Einsatz der zur Verfügung stehenden Mittel entscheidend für den langfristigen Erfolg der Waldbewirtschaftung. Historisch hat sich der Waldbau dementsprechend von einem schematischen, flächenbezogenen Waldbau (Altersklassenwald) immer mehr in Richtung eines individuellen, baumbezogenen Waldbaus unter Berücksichtigung der Wertkonzentration und der biologischen Rationalisierung entwickelt – der sogenannten **Z-Baum-Durchforstung.**

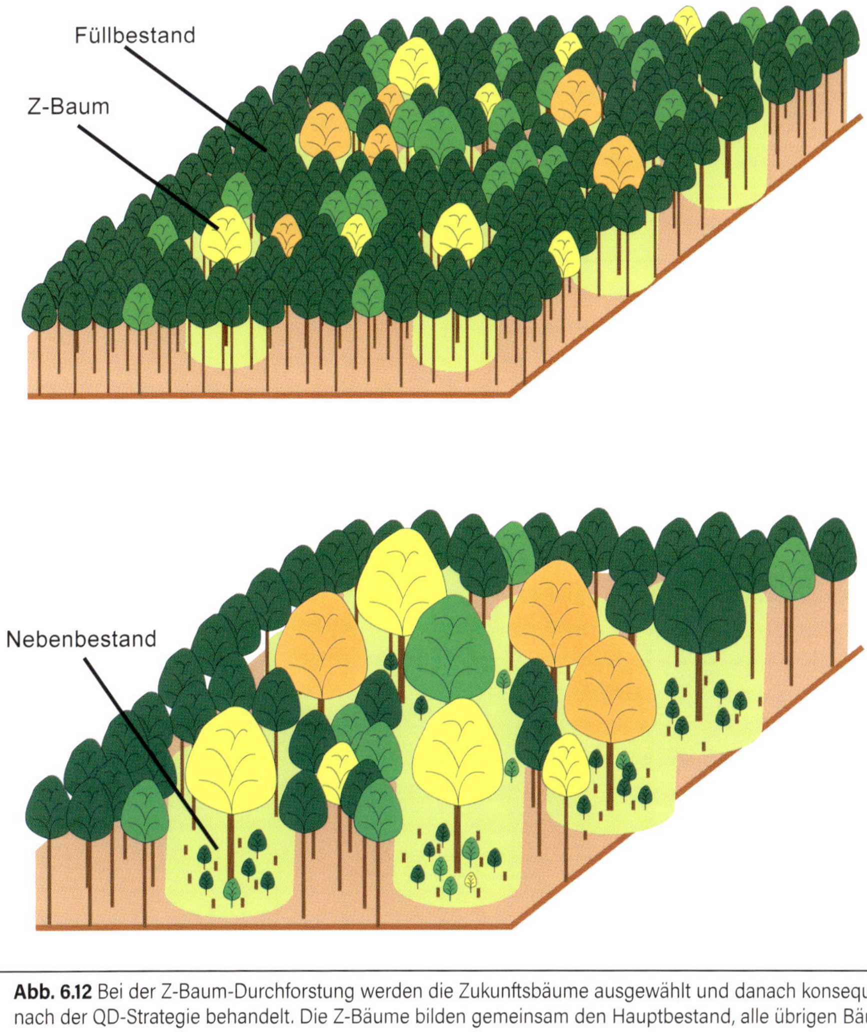

Abb. 6.12 Bei der Z-Baum-Durchforstung werden die Zukunftsbäume ausgewählt und danach konsequent nach der QD-Strategie behandelt. Die Z-Bäume bilden gemeinsam den Hauptbestand, alle übrigen Bäume den Füllbestand. Eine Verjüngung, die unter dem Schirm des Altbestands aufwächst, wird als Nebenbestand bezeichnet.

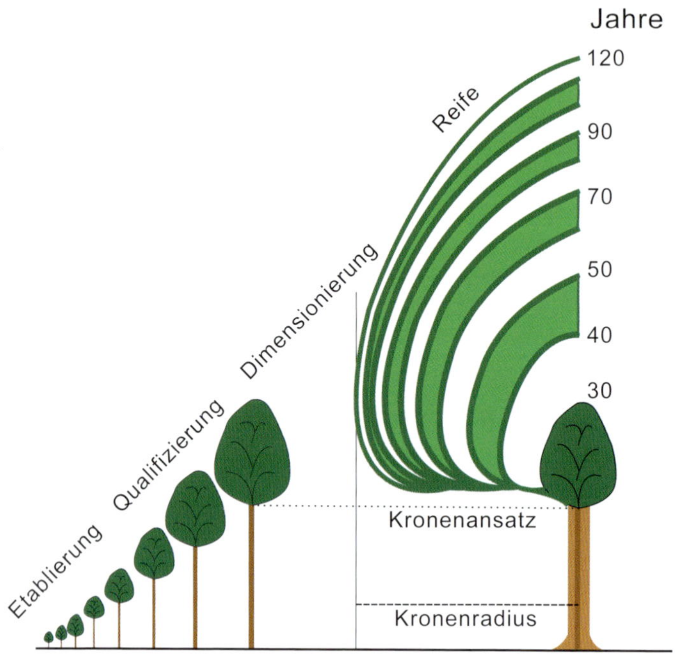

Abb. 6.13 Mit der QD-Strategie wird mithilfe der natürlichen Wachstumsdynamik zunächst das Stammstück qualifiziert. Ist die gewünschte astfreie Stammlänge erreicht, werden die Z-Bäume konsequent freigestellt, um eine möglichst grosse Krone und einen stabilen Zuwachs zu erzielen.

Da unter den gegebenen ökonomischen Rahmenbedingungen einzig Investitionen in Bäume mit hohem Wertleistungspotenzial (Z-Bäume) ökonomisch sinnvoll sind, sollte auch die Bestandsbehandlung stärker an die Bedürfnisse ebendieser Z-Bäume angepasst werden. Basierend auf den Prinzipien der situativen Auslesedurchforstung (siehe Kapitel 2.7) wurde von Wilhelm und Rieger (2018) ein einheitliches Behandlungskonzept anhand der Lebensphasen eines Baumes (siehe Kapitel 3) vorgeschlagen, das sowohl im gleichförmigen als auch im ungleichförmigen Wald angewandt werden kann: **die QD-Strategie.**

QD steht dabei für die zwei wichtigsten waldbaulichen Prozesse bei der Wertholzproduktion: **Qualifizieren und Dimensionieren.** Bei der Qualifizierung steht die natürliche «Erziehung» der Bäume im Vordergrund, um eine hohe Holzqualität zu erreichen (gerade Schaftachse, astfreier Stamm usw.). Ist die Qualifizierung abgeschlossen, verschiebt sich der Fokus auf die Dimensionierung der Krone, um eine hohe zukünftige Wachstumsleistung und eine grosse individuelle Stabilität zu ermöglichen.

6.7.1 Etablierung

Durch die Waldverjüngung beginnt ein neuer Lebenszyklus der Bäume und Bestände und damit die sogenannte Installationsphase. Vorhandene Samen müssen keimen und die entstehenden Jungpflanzen beginnen damit, lebensnotwendige Ressourcen zu erschliessen.

Waldbauliche Eingriffe in der Installationsphase beschränken sich darauf, das Aufkommen der gewünschten Baumarten zu ermöglichen. Manchmal ist es sinnvoll, die Jungpflanzen durch Ausmähen von der Konkurrenzvegetation zu befreien. Doch diese Arbeit ist aufwendig und nicht selten werden dabei auch viele Jungpflanzen zerstört, die mit etwas mehr Zeit selbstständig der Konkurrenzvegetation entwachsen wären.

Die Schattentoleranz der Baumarten ist in der Installationsphase in der Regel etwas grösser als in den späteren Lebensphasen. Im Idealfall kann also die Konkurrenzvegetation über die Lichtregulierung kontrolliert werden. Die Keimung erfolgt auch für Lichtbaumarten in der Regel problemlos im Halbschatten. Darauf folgt die progressive Freistellung der Jungpflanzen durch die schrittweise Ernte des Altbestands.

Pflanzung

Wälder sind in der Regel nicht auf menschliche Intervention angewiesen, um sich zu regenerieren. Eine kontinuierliche Sukzession ist am Werk, seit es Lebewesen gibt. Warum wird also überhaupt gepflanzt?

Die Gründe sind vielfältig und variieren je nach Kontext. Auf globaler Ebene stellen die intensive Produktion von Holz oder Holzprodukten sowie die Wiederherstellung komplett und grossflächig zerstörter Waldökosysteme die Hauptgründe für die Pflanzung von Bäumen dar. Unter den aktuellen Schweizer Produktionsbedingungen sind Pflanzungen aufgrund der hohen Kosten aus rein ökonomischen Gründen meistens nicht zu rechtfertigen.

Grundsätzlich hat die Naturverjüngung Vorrang. Es kann jedoch vorkommen, dass sich aufgrund äusserer Einflüsse keine oder lediglich eine ungenügende natürliche Verjüngung einstellt. In diesen Fällen kann es sinnvoll sein, bestimmte Baumarten künstlich über Direktsaat oder Pflanzung einzubringen. Grundsätzlich gilt also: **Künstliche Verjüngung sollte ausschliesslich dem Zweck dienen, waldbauliche Ziele zu verfolgen, die mit der verfügbaren Naturverjüngung nicht erreicht werden könnten.**

Wenn gepflanzt wird, sollte dies aus ökonomischen und ökologischen Gründen zudem nicht flächig erfolgen, wie dies früher praktiziert wurde, sondern mittels sogenannter Trupps, also in kleinen Baumgruppen, die direkt im Endabstand der Z-Bäume angelegt werden.

Wildschutz

Gewisse Baumarten, zum Beispiel Tanne, Eiche und Ahorn, werden von Wildtieren (hauptsächlich dem Reh) als Äsung bevorzugt. Andere, etwa Fichte und Buche, werden tendenziell verschmäht. Je nach Bestockungsziel, Wildbestand und den natürlichen Baumartenanteilen in der Verjüngung kann es nötig sein, manche Baumarten vor dem Wildverbiss zu schützen. Dies gilt ganz besonders für gepflanzte Bäume, denn aufgrund der hohen Nährstoffzufuhr und der günstigen Entwicklungsbedingungen in den Baumschulen werden sie vom Wild als Delikatesse bevorzugt vertilgt.

Zum einen können einzelne Bäumchen mittels eines Knospenschutzes (nur die oberste Knospe) oder einer Wuchshülle geschützt werden. Zum anderen lassen sich Baumgruppen oder ganze Flächen mithilfe eines Zaunes gegen Wildverbiss schützen. Wildschutzmassnahmen sind jedoch kostenintensiv und sollten wie die Pflanzung nur dann eingesetzt werden, wenn die waldbaulichen Ziele nicht anders erreicht werden können.

Der Klimawandel verschärft die Wald-Wild-Problematik, da Zukunftsbaumarten wie Eiche, Ahorn und Tanne besonders verbissgefährdet sind. Der selektive Verbiss dieser Baumarten stellt damit eine weitere Hürde für die langfristige Anpassung der Wälder an den Klimawandel dar.

6.7.2 Qualifizierung

Haben sich die Jungpflanzen installiert und kommen seitlich in Kontakt miteinander, beginnt die Qualifikationsphase. In der Qualifikationsphase ist die Konkurrenz um Licht zwischen den Jungpflanzen selbst die treibende Kraft hinter der Entwicklungsdynamik. Die starke Konkurrenz führt zu einer zunehmenden Selbstdifferenzierung, die schwächsten Individuen sowie weniger konkurrenzstarke Baumarten fallen nach und nach aus. Das progressive Verschwinden der konkurrenzschwachen Baumarten wird **Entmischung** genannt.

Die Entmischung ist irreversibel: Ist eine Baumart einmal verschwunden, erhält sie erst beim nächsten Verjüngungszyklus viele Jahrzehnte später wieder eine Chance aufzuwachsen. Eine an den Standort angepasste, zukunftsfähige Baumartenmischung ist deshalb das Fundament des naturnahen Waldbaus.

Die waldbaulichen Eingriffe beschränken sich in dieser Phase zunächst auf die Mischungsregulierung. Entsprechend den Bestockungszielen werden konkurrenzschwache Baumarten gezielt gefördert. Mit den ersten Pflegeeingriffen wird eine ausreichend diverse Verjüngung angestrebt, aus der später die Z-Bäume ausgewählt werden. Sind in diesem Zusammenhang keine Massnahmen notwendig, findet auch kein Eingriff statt.

Die starke seitliche Konkurrenz ist förderlich für die Erziehung der Bäume: Sie verhindert die Bildung grober Äste im unteren Stammteil und begünstigt die Bildung einer geraden Stammachse. Ohne waldbauliche Eingriffe gewinnen jedoch konkurrenzstarke Baumarten die Oberhand.

Daraus ergibt sich ein einfaches Prinzip für die Waldpflege: **so wenig wie möglich, so viel wie nötig.**

Solange sich die Mischung im Bestand zielkonform entwickelt, sind waldbauliche Eingriffe kontraproduktiv, da sie der natürlichen Erziehung durch den Dichtstand entgegenwirken. Droht jedoch eine Entmischung, die das Erreichen der waldbaulichen Ziele gefährdet, werden die gewünschten Baumarten punktuell gefördert.

Mit fortschreitender Selbstdifferenzierung beginnt die natürliche Astreinigung und die Stammqualität wird langsam ersichtlich. Sobald die vitalen Individuen klar erkennbar sind, werden die Z-Bäume ausgewählt, also die Bäume, die bis zum Erreichen des Zieldurchmessers – oder im Falle von Habitatbäumen bis zu ihrem natürlichen Absterben – im Bestand bleiben sollen und somit die eigentliche Bestockung ausmachen. Die Z-Bäume sind die Hauptwertträger im Bestand und die einzigen Bäume, zugunsten derer waldbauliche Eingriffe stattfinden.

Anzahl Z-Bäume

Die maximale Anzahl möglicher Z-Bäume pro Fläche bemisst sich aus dem notwendigen Standraum der einzelnen Z-Bäume. Nach dem Leitsatz der biologischen Rationalisierung sollen dort, wo keine ausreichend vitalen Kandidaten gefunden werden, auch keine Z-Bäume bezeichnet werden. Die tatsächliche Anzahl ausgewählter Z-Bäume liegt deshalb meistens deutlich unter der theoretisch möglichen.

Abhängig vom Standraumbedarf der Baumarten ergeben sich in etwa folgende Z-Baum-Anzahlen:

Tabelle 6.3: Empfohlener Endabstand, Standraum pro Baum und Anzahl Z-Bäume pro Hektar für die wichtigsten Hauptbaumarten der Schweiz

Baumart	Endabstand [m]	Standraum/Baum [m²]	Stammzahl/ha
Fichte, Tanne	7–9	40–70	140–250
Föhre, Douglasie, Lärche	10–12	90–125	80–110
Buche, Ahorne, Linden, Hagebuche, Ulme	10–12	90–125	80–110
Eiche, Kirsche, Nussbaum, Esche	12–15	125–200	50–80

Empfehlungen zur Anzahl Z-Bäume pro Fläche können dabei helfen, sinnvolle Bestockungsziele zu definieren, und gelten als grober Richtwert für einen angemessenen Abstand zwischen den Bäumen im Endbestand, der es ihnen erlaubt, eine gesunde Krone zu entwickeln.

Bei Mischbeständen lässt sich aus dem Bestockungsziel leicht die Anzahl an Z-Bäumen pro Baumart berechnen: Soll beispielsweise eine Fläche von einer Hektare mit Eiche (50 %), Hagebuche (30 %) und Föhre (20 %) bestockt werden, sollten darauf – bei idealer Verteilung – etwa 35 Eichen, 27 Hagebuchen und 18 Föhren als Z-Bäume ausgewählt werden. Kommen auf derselben Fläche Baumarten mit sehr unterschiedlichen Lichtbedürfnissen vor (beispielsweise Buche und Eiche), kann es sinnvoll sein, die Auswahl der Z-Bäume gestaffelt vorzunehmen. Die Z-Bäume der lichtbedürftigen Baumarten werden dabei früher ausgewählt. Da die schattentoleranten Baumarten nur wenig Mischungsregulierung benötigen, kann auch die Auswahl der Z-Bäume später erfolgen.

Die weiteren Eingriffe sollen sicherstellen, dass die Z-Bäume ihre dominante Position halten können. Gleichzeitig soll aber der Seitendruck möglichst erhalten werden, damit der Stamm qualifiziert werden kann. Die Häufigkeit der Eingriffe variiert mit dem Bestandsalter, der Mischung, dem Standort und der Eingriffsstärke. Aufgrund der grossen Wuchsdynamik in dieser Entwicklungsphase ist etwa alle 4 bis 10 Jahre ein Eingriff sinnvoll. Die Eingriffe beschränken sich dabei auf die Entnahme direkter Konkurrenten der Z-Bäume, die ihre Kronenentwicklung behindern würden.

Da die Stabilität der Bäume aufgrund des starken Höhenwachstums eher gering ist (hoher Schlankheitsgrad), sollte stets darauf geachtet werden, die kollektive Stabilität so wenig wie möglich zu beeinträchtigen. Die negative Wirkung der Eingriffe auf die Stabilität wird typischerweise innerhalb weniger Jahre vom Bestand kompensiert, die individuelle Stabilität der Wertträger wird langfristig verbessert.

Knicken und Ringeln

Knicken und Ringeln sind alte Techniken, die vor der allgemeinen Einführung der Motorsäge häufig angewendet wurden. Das Knicken bezeichnet das Brechen der zu entfernenden Stämmchen von Hand, wobei darauf geachtet wird, dass die Teile auf beiden Seiten des Knicks miteinander verbunden bleiben. Der geknickte, gegen den Boden gebogene Teil bleibt also am Leben, was bei einer vollständigen Trennung nicht der Fall wäre. Die Basis des Stammes neigt danach nicht zum Ausschlagen, da sie den geknickten Teil des Sprosses nach wie vor mit Wasser und Nährstoffen versorgt. Der geknickte Teil bedeckt überdies den Boden und trägt mit seinem Schatten zur Bekämpfung der Konkurrenzvegetation bei. Ausserdem bieten die geknickten Bäumchen dem Wild zusätzliche Äsungs- und Fegemöglichkeiten, was Wildschäden an den Wertträgern verringern kann.

Ringeln hingegen bezeichnet das ringförmige Entfernen der Rinde rund um den Stamm auf einer Breite von 5 bis 10 Zentimetern und das Ausbürsten des offengelegten Kambiums mit einer Metallbürste. Durch die Zerstörung des Kambiums wird der Saftfluss von der Krone in die Wurzeln unterbrochen, was über einen Zeitraum von wenigen Jahren zum Absterben des Baumes führt. Ein Vorteil ist, dass der Übergang von kollektiver Stabilität zu individueller Stabilität allmählich geschieht, sodass sich der geförderte Baum nach und nach an die neuen Bedingungen anpassen kann. Ein Nachteil ist, dass die Wirkung des Eingriffs erst mit einer gewissen Verzögerung eintritt.

Knicken und Ringeln sind ergonomische Methoden, die mit geringer körperlicher Belastung ausgeführt werden können. Ohne mit gefährlichen Werkzeugen hantieren zu müssen, liegt die Aufmerksamkeit des Forstpersonals gänzlich auf der Umsetzung. Die Arbeiten können zudem ohne Schutzausrüstung und von einer einzelnen Person gefahrlos ausgeführt werden.

Wertastung

Ist es nicht möglich, durch natürliche Erziehung eine angemessene Stammqualität zu erreichen (zum Beispiel am Waldrand), kann eine Wertastung sinnvoll sein. Bei der Wertastung werden die unteren Äste eines Baumes entfernt, mit dem Ziel, ein astfreies Bodenstück zu produzieren. Diese Massnahme soll also die Holzqualität verbessern und damit zu einem höheren Holzerlös beitragen. Die Wertastung ist relativ kostenintensiv und rechtfertigt sich als Investition ausschliesslich bei Z-Bäumen mit hohem Wertzuwachspotenzial, bei denen eine zufriedenstellende natürliche Astreinigung nicht möglich ist.

Beispielsweise muss ein Kirschbaum früh und stark freigestellt werden, da die Baumart wenig konkurrenzstark ist und ihr Wachstumspotenzial schnell nachlässt. Eine natürliche Astreinigung des Bodenstücks ist aufgrund des fehlenden Seitendrucks nicht möglich. Umso mehr als der Kirschbaum aus physiologischen Gründen lange braucht, bis er seine toten Äste verliert (= Totasterhalter). Ohne künstliche Astung ist eine Qualitätsholzproduktion beim Kirschbaum kaum möglich. Zu den Totasterhaltern gehören neben der Kirsche auch alle Nadelbäume sowie die Roteiche, die Pappel und der Nussbaum.

Damit bis zum Erreichen des Zieldurchmessers ein genügend dicker astfreier Holzmantel gebildet werden kann, sollte die Wertastung erfolgen, wenn der Durchmesser eines Baumes weniger als ein Drittel seines Zieldurchmessers beträgt. In der Regel entspricht dies einer Obergrenze von 15–20 Zentimetern. In der Praxis spricht man dabei zum Teil von Bierkrugdicke – dabei ist die deutsche Bierkruggrösse, also ein Liter, gemeint. Um sicherzustellen, dass die Wunden schnell genug überwallen können, sollten zu entfernende Äste eine Dicke von etwa 6 Zentimetern nicht überschreiten.

Damit sich die Wertastung lohnt, müssen die Kosten des Eingriffs geringer sein als der Mehrwert beim Holzverkauf. Dazu beschränkt sich der Eingriff in der Regel auf die untersten 5 bis 6 Meter des Stammes. Bei Baumarten mit sehr grossen Zieldurchmessern, zum Beispiel bei der Douglasie oder bei der Eiche, kann in manchen Fällen auch eine höhere Wertastung sinnvoll sein.

Da eine grosse Zeitspanne zwischen der Astung und der Holzernte liegt, ist es besonders wichtig, den Eingriff schriftlich festzuhalten und die genaue Position der geasteten Bäume sowie die Astungshöhe zu dokumentieren.

6.7.3 Dimensionierung

Ist die Qualifizierung der Z-Bäume abgeschlossen und die gewünschte astfreie Stammlänge erreicht, beginnt die Dimensionierungsphase. Wie der Name sagt, geht es nun darum, die Krone der Z-Bäume zu dimensionieren – denn eine grosse, kräftige Krone ist die Grundlage für den zukünftigen Holzzuwachs und damit für das schnelle und risikoarme Erreichen der Produktionsziele.

Durch konsequente Freistellung der Z-Bäume soll fortan sichergestellt werden, dass die untersten lebenden Äste weiterhin genügend Licht erhalten, um zu überleben. So wird verhindert, dass sich der Kronenansatz weiter nach oben verschiebt und damit die Blattmasse reduziert wird. In periodischen Eingriffen werden jeweils die Konkurrenten der Z-Bäume entfernt, die deren Krone zu bedrängen beginnen.

Ab dieser Stufe kann die Mischung kaum mehr beeinflusst werden. Das Ziel der Eingriffe besteht nun darin, den Durchmesserzuwachs der Z-Bäume zu fördern, indem ihre Kronen den nötigen Raum erhalten. Die aus dem Eingriff anfallenden Produkte lassen sich in der Regel verkaufen. Ab nun wird von Durchforstungen und nicht mehr von Pflegeeingriffen gesprochen. Häufigkeit und Intensität der Eingriffe richten sich dabei weiterhin nach dem Charakter der Baumarten, der Wüchsigkeit des Standorts und der Produktionsziele.

6.7.4 Reife

Nachdem die Krone ausgeformt wurde, ist das Fundament für eine grosse Zuwachsleistung gelegt und die Z-Bäume werden bis zum Erreichen des Zieldurchmessers weitgehend sich selbst überlassen. Je nach Bedarf werden höchstens die fertig dimensionierten Kronen periodisch vom Seitendruck der Nachbarbäume befreit. Bei besonders lichtbedürftigen Arten mit weniger dichtem Kronendach kann es ausserdem notwendig sein, Schattenbaumarten, die von unten in die Krone der Z-Bäume einwachsen, zu entfernen.

6.7.5 Ernte: individuelles Produktionspotenzial ausschöpfen

Sobald die Z-Bäume ihren individuellen Zieldurchmesser erreicht haben, sind die Produktionsziele erreicht und die Bäume könnten geerntet werden. Da grosse Bäume in der Regel auch grosse Holzzuwächse leisten, wäre ein Teil des Produktionspotenzials verschwendet, würden diese Bäume bereits jetzt geerntet. Die Überlegungen zum idealen individuellen Erntezeitpunkt eines Baumes sind also zweierlei: Um das individuelle Wertleistungspotenzial auszuschöpfen, sollte der Erntezeitpunkt nach dem Höhepunkt des Wertzuwachses liegen. Andererseits steigt mit dem Baumalter in der Regel das Risiko einer Holzentwertung, beispielsweise durch Fäulen oder unerwünschte Verfärbungen im Holz.

Das Entwertungsrisiko muss anhand der Baumart und der Vitalität der betrachteten Bäume abgeschätzt werden. Die schnellwüchsige Kirsche ist anfällig für Stammfäulen, die zu einer vollständigen Entwertung führen können. Deshalb ist es wichtig, diese Bäume früh genug (Faustregel: spätestens im Alter von 60 Jahren) zu ernten, um der Holzentwertung zuvorzukommen. Andererseits ist es bei der Eiche, die deutlich weniger anfällig auf Holzfäulen ist, ohne Weiteres möglich, sehr grosse Durchmesser mit sehr langen Umtriebszeiten (weit über 100 Jahre) anzustreben. Um den individuellen Erntezeitpunkt zu bestimmen, braucht es also immer eine Abwägung der Wertleistung sowie der Entwertungsrisiken.

6.7.6 Ein neuer Zyklus

Die Ernte markiert also gleichzeitig den Beginn eines neuen Verjüngungszyklus. Um die Lichtdosierung für die Folgegeneration gemäss den Bestockungszielen flexibel gestalten zu können, müssen Kompromisse zwischen dem individuellen Wertleistungspotenzial und dem Lichtbedarf der Verjüngung eingegangen werden. Folglich muss manchmal ein Z-Baum vor dem Erreichen seines individuellen optimalen Erntezeitpunkts geerntet und als Teil einer Gruppe oder eines ganzen Bestands entnommen werden, damit auch lichtbedürftigere Arten sich in der entstandenen Lücke verjüngen können.

6.8 UNGLEICHFÖRMIGE WÄLDER

Gemäss Landesforstinventar (LFI) weisen rund 25 Prozent des Schweizer Waldes eine **ungleichförmige** Struktur auf. Die Verjüngung erfolgt dabei kontinuierlich: Es werden regelmässig, im ganzen Bestand verstreut, einzelne Bäume oder Baumgruppen entnommen, um die Verjüngung auf der ganzen Fläche verteilt zu fördern. Dadurch entstehen Bestände mit einer ungleichförmigen Struktur, in denen Bäume unterschiedlichen Alters und unterschiedlicher Grösse kleinflächig gemeinsam vorkommen.

Aus diesem Grund kommen auf jeder Teilfläche Bäume in unterschiedlichen Lebensphasen vor, die eine unterschiedliche waldbauliche Behandlung erfordern. Dementsprechend werden auch alle waldbaulichen Eingriffe kombiniert ausgeführt. Während eines Dauerwaldeingriffs werden Bäume geerntet, die Mischung reguliert, Bäume qualifiziert und die Kronen der Z-Bäume ausgeformt.

Die Bewirtschaftung im ungleichförmigen Wald führt idealerweise zu einem Gleichgewicht, sodass die Anzahl Bäume jeder Durchmesserstufe über die Zeit in etwa konstant bleibt. Der Gleichgewichtszustand bezieht sich dabei auf die Anzahl Stämme pro Durchmesserstufe – die sogenannte **nachhaltige Stammzahlverteilung.** Bäume, die ihre Durchmesserstufe aufgrund ihres Zuwachses verlassen (Auswuchs) oder wegen natürlicher Mortalität ausfallen, müssen also durch die gleiche Anzahl Bäume ersetzt werden, die in dieselbe Klasse aufsteigen (Einwuchs).

Um die Stammzahlverteilung von Waldbeständen zu bestimmen, ist eine individuelle Aufnahme des Durchmessers jedes einzelnen Baumes notwendig. Um die Kon-

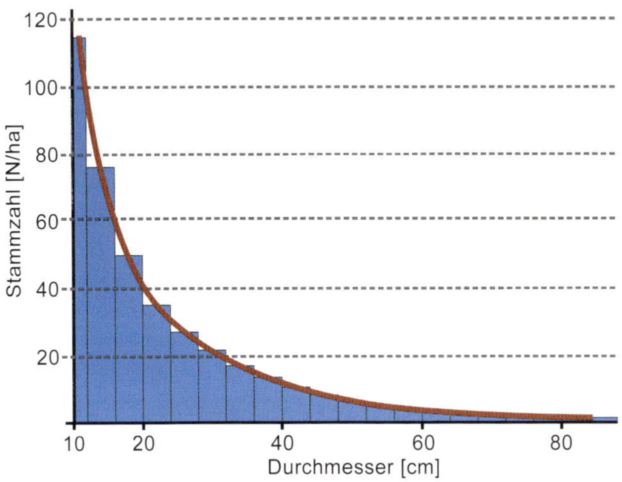

Abb. 6.14 Ideale Stammzahlverteilungskurve (Gleichgewichtskurve) in einem typischen Plenterwald. Aufgrund der Form wird sie auch als liegende J-Kurve bezeichnet. Die Stammzahl muss in 4-cm-Klassen interpretiert werden (also beispielsweise etwa 40 Stämme mit Durchmesser 18–22 cm). Eigene Darstellung, nach Schütz, 2002

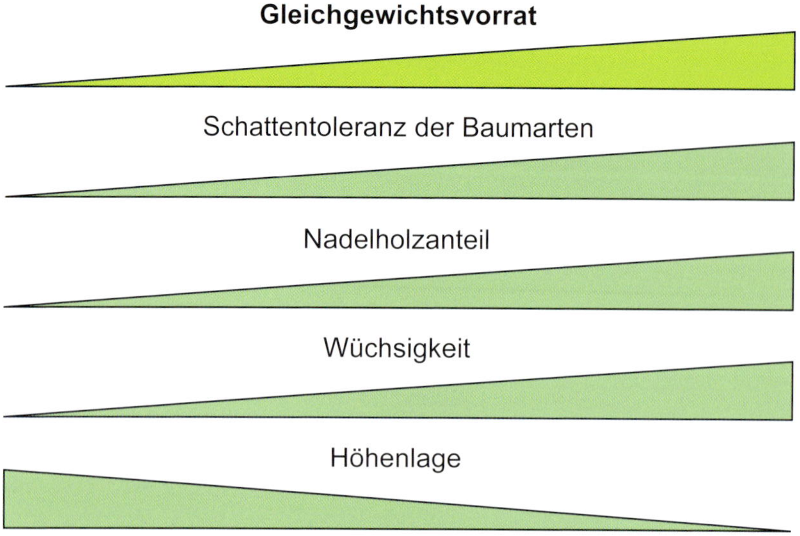

Abb. 6.15 Der ideale Gleichgewichtsvorrat lässt sich anhand von vier Schlüsselfaktoren einschätzen: Schattentoleranz der Baumarten, Nadelholzanteil, Standortgüte und Höhenlage.

trollmethode (siehe Kapitel 2.5) im Dauerwald präzise umzusetzen, wäre also eine flächendeckende Vollkluppierung notwendig. Diese ist jedoch äusserst kostspielig und deshalb für die meisten Forstbetriebe ausgeschlossen.

In Abwesenheit dieser Daten wird die nachhaltige Verjüngung im ungleichförmigen Wald über den sogenannten **Gleichgewichtsvorrat** gesteuert. Im ungleichförmigen Wald muss bei kontinuierlicher Beschirmung die Lichtzufuhr genügend hoch sein, um eine immerwährende Verjüngung sicherzustellen. Die Frage des Gleichgewichtsvorrats ist also entscheidend: Er darf **nicht zu hoch** sein, um das Aufkommen und die Entwicklung der Verjüngung zu verhindern, und soll **nicht zu tief** sein, da sonst das Produktionspotenzial des Standorts nicht ausgeschöpft wird.

Die Bestimmung des Gleichgewichtsvorrats ist keine philosophische Frage, sondern entspricht dem Streben nach einem Idealzustand, der sowohl die kontinuierliche Verjüngung des Waldes als auch eine optimale Produktivität gewährleistet. Der Gleichgewichtsvorrat wird anhand der Bestockungsziele und des Standortstyps festgelegt.

Je schattentoleranter die vorhandenen Baumarten sind, desto höher kann der Gleichgewichtsvorrat sein, ohne die nachhaltige Verjüngung zu gefährden. Je grösser der Nadelholzanteil ist, desto höher kann der Gleichgewichtsvorrat sein. Dies ergibt sich aus dem Unterschied von Form und Wuchstemperament zwischen Laub- und Nadelholz. Die Ausnützung des Raumes ist bei den Nadelhölzern besser, da die Krone konisch geformt ist. Die Stammzahl pro Hektare sowie der Vorrat sind bei gleichem Lichtbedarf in einem Nadelholzbestand höher als in einem Laubholzbestand, unabhängig davon, ob es sich dabei um einen gleichförmigen oder einen ungleichförmigen Bestand handelt. Ausserdem werden Lücken im Kronendach beim Nadelholz langsamer geschlossen als beim Laubholz. Folglich ist beim Nadelholz das Aufkommen von Verjüngung in kleinen Lücken eher möglich.

Je wüchsiger der Standort ist, desto höher können die darauf wachsenden Bäume werden. Somit kann bei gleicher Mischung ein höherer Gleichgewichtsvorrat angestrebt werden. Je höher gelegen ein Standort, desto tiefer die Temperaturen. In der subalpinen Stufe zum Beispiel ist die Verjüngung auf direktes Sonnenlicht angewiesen, da das diffuse Licht nicht genügend Wärme für deren Entwicklung liefert. Der Vorrat muss also geringer sein als in den Tieflagen.

In Tabelle 6.4 sind typische Gleichgewichtsvorräte von ungleichförmigen Wäldern dargestellt, welche seit langer Zeit als solche bewirtschaftet werden.

Tabelle 6.4: Charakteristische Gleichgewichtsvorräte von ungleichförmigen Wäldern in der Schweiz und in Deutschland

Ort	**Waldtyp**	**Gleichgewichtsvorrat [Tfm/ha]**	
		Bandbreite	Optimum
Emmental (BE)	Tannen-Buchenwald (hoher Tannenanteil)	350–500	450
Couvet (NE)	Tannen-Buchenwald	300–400	360
Langula (Thüringen, D)	Buchen-Plenterwald	200–360	300
St. Moritz (GR)	Arven-Lärchen-Plenterwald	–	220

Im Gegensatz zum gleichförmigen Wald ist im Dauerwald, wo alle Lebensphasen kleinflächig vorkommen, die Anpassung der Eingriffshäufigkeit an die Ansprüche der Z-Bäume nicht möglich. Meistens werden die Bewirtschaftungseinheiten (Abteilungen) in einem regelmässigen Turnus bewirtschaftet. Dieser Turnus – auch Umlaufzeit genannt – wird aufgrund der lokalen Produktionsbedingungen, insbesondere Zuwachs

Beispiel

In einem ungleichförmigen Tannen-Buchenwald wurde der Gleichgewichtsvorrat bei 350 Tariffestmetern pro Hektare angesetzt und der Zuwachs wird auf 10 Tariffestmeter pro Hektare und Jahr geschätzt.

Um eine Entnahmeintensität von 25 Prozent nicht zu überschreiten, sollten daher pro Eingriff maximal 87 Tariffestmeter pro Hektare geerntet werden. Bei einem Zuwachs von 10 Tariffestmetern pro Hektare und Jahr ergibt dies eine ideale Umlaufzeit von 8 bis 9 Jahren.

und beabsichtigter Eingriffsintensität, festgelegt. Umso höher der Zuwachs und umso tiefer die gewünschte Eingriffsintensität sind, desto häufiger müssen die Eingriffe stattfinden.

Tabelle 6.5 zeigt die theoretischen idealen Umlaufzeiten für eine Eingriffsintensität von 20 bis 25 Prozent für Wälder in Abhängigkeit von Gleichgewichtsvorrat und Zuwachs.

Tabelle 6.5: Ideale Umlaufzeiten entsprechend dem angepeilten Gleichgewichtsvorrat und dem erwarteten Durchschnittszuwachs

		Angepeilter Gleichgewichtsvorrat [Tfm/ha]		
		280	380	480
Zuwachs [Tfm/ha/Jahr]	6	9–12 Jahre	13–16 Jahre	-
	8	7–9 Jahre	10–12 Jahre	12–15 Jahre
	10	6–7 Jahre	8–10 Jahre	10–12 Jahre
	12	5–6 Jahre	6–8 Jahre	8–10 Jahre

6.8.1 Überführung in ungleichförmige Bestände

Soll ein gleichförmiger Bestand in einen ungleichförmigen Wald umgewandelt werden, spricht man von **Überführung.** Die schrittweise Überführung soll die notwendige Struktur für ein Gleichgewicht des ungleichförmigen Waldes schaffen. Die Überführung ist dabei nicht in erster Linie darauf ausgelegt, möglichst schnell den Gleichgewichtsvorrat zu erreichen, sondern vielmehr darauf, das Entstehen der geeigneten Struktur (nachhaltige Durchmesserverteilung) zu unterstützen.

Die Überführung eines gleichförmigen Bestands kann nur gelingen, wenn in der Oberschicht genügend stabile Bäume vorhanden sind, die über die gesamte Dauer isoliert im Bestand verbleiben können.

Das Aufkommen der Verjüngung setzt eine genügende Lichtzufuhr voraus, was meistens mit einem Vorratsabbau im ursprünglichen Bestand verbunden ist. Je grösser die Lichtansprüche der zu verjüngenden Baumarten sind, desto geringer muss der Vorrat sein. Der Vorratsabbau lässt sich nur dann erreichen, wenn die Hiebsmenge pro Eingriff grösser ist als der Zuwachs in der letzten Periode.

Zu starke Eingriffe bringen teilweise eine gefährliche Destabilisierung des Bestands sowie eine unerwünschte flächendeckende Verjüngung (also eigentlich ein Schirmschlag) mit sich. Zu schwache Eingriffe hingegen führen zu einer längeren Dauer der Überführung und erhöhen das Risiko eines Zusammenbruchs des verbleibenden Bestands. Eine Verkürzung des Eingriffsturnus ist dabei in der Regel erfolgversprechender als eine Erhöhung der Eingriffsstärke. Auch während der Überführungsphase sollte die Eingriffsstärke im Dauerwald höchstens 25 bis 30 Prozent des Ausgangsvorrats betragen.

Die Hintergründe sowie detaillierte Prinzipien der Überführung von gleichförmigen Beständen in ungleichförmige Wälder werden im Merkblatt *Überführung in ungleichförmigen Hochwald* der Fachstelle Waldbau vertieft behandelt. Das Merkblatt ist frei verfügbar unter www.waldbau-sylviculture.ch.

6.9 GEBIRGSWALDBAU

Die Bedingungen im Gebirgswald können stark von denen im Flachland abweichen. Aufgrund der natürlichen Wachstumsdynamik und der unterschiedlichen Umweltbedingungen sind Wälder in höheren Lagen anders zusammengesetzt und sie entwickeln sich anders als jene der tieferen Lagen. Auf den weniger produktiven Standorten werden die Bäume in der Regel weniger hoch und bilden weniger dichte Bestände.

Für den Gebirgswaldbau gelten also besondere Rahmenbedingungen. Meistens sind bei der Bewirtschaftung zudem spezielle Zielsetzungen – vor allem die Schutzwirkung – zu berücksichtigen. Gebirgswaldbau ist aber auch keine separate Disziplin, sondern folgt ebenso den Prinzipien des naturnahen Waldbaus, er muss jedoch an die unterschiedlichen Umwelt- und Rahmenbedingungen angepasst werden.

In der subalpinen und obersubalpinen Stufe werden die Standortbedingungen so karg, dass natürlicherweise keine geschlossenen Bestände mehr gebildet werden. Aufgrund der ungünstigen Bedingungen kann sich dort eine Verjüngung vielfach nicht flächig entwickeln, sondern beschränkt sich auf verjüngungsgünstige Kleinstandorte (Kuppen, Moderholz).

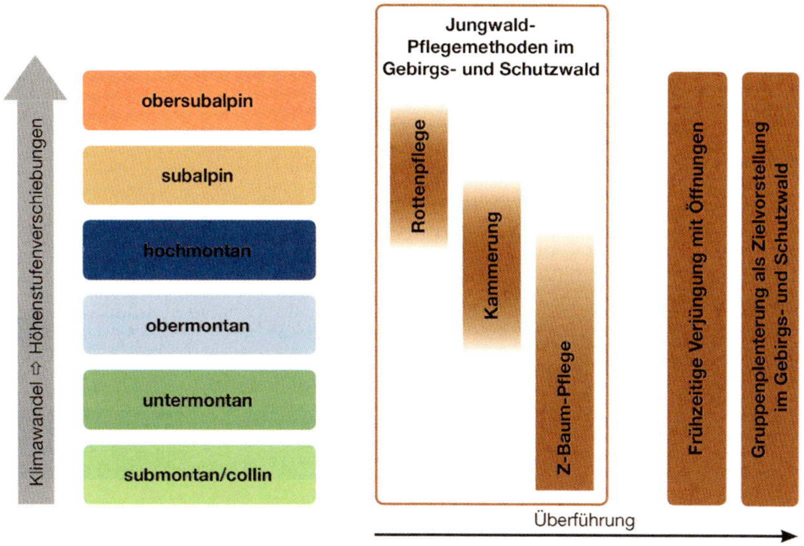

Abb. 6.16 Jungwaldpflegemethoden pro Höhenstufe als erste Massnahmen bei der Überführung von flächiger Verjüngung in stufige Gruppenplenterwälder. Aus: Praxishilfe für die Jungwaldpflege im Gebirgs- und Schutzwald, Fachstelle für Gebirgswaldpflege GWP, 2019

Mit zunehmender Meereshöhe brechen ab der hochmontanen Stufe die geschlossenen Bestände immer mehr in sogenannte **Rotten** auf. Dabei handelt es sich um eng zusammenstehende Baumgruppen mit gemeinsamem Kronenmantel, die als Kollektiv aufwachsen und in denen sich die Bäume gegenseitig stützen.

Mit dem Ziel, diese natürliche Dynamik zu imitieren, wurde die **Rottenpflege** entwickelt. Die natürliche Rottenstruktur ist charakteristisch für subalpine Fichtenwälder. Diese Standorte wurden im Verlauf der Wiederbewaldungskampagnen im letzten Jahrhundert jedoch oft flächig mit Fichten bestockt. Aus solch reinen Pflanzungen sind oft Bestände hervorgegangen, die in ihrer Struktur deutlich homogener (gleichförmiger) sind, als es ihre natürlichen Gegenstücke wären. Dadurch sind sie besonders anfällig für Borkenkäferbefälle und Sturmschäden. Die unnatürlich dichten Bestände lassen zudem kaum Licht auf den Boden und machen eine kontinuierliche natürliche Walderneuerung unmöglich.

Die Rottenpflege dient dazu, in der subalpinen Stufe grössere fichtendominierte Wälder in ungleichaltrige Rottenstrukturen zu überführen. Langfristig sollen stabile Baumkollektive geschaffen werden. Die Rottenpflege legt den Grundstein für eine nachhaltige Rottenstruktur, deren Ausbildung bereits im Jungwald beginnt. Dann nämlich werden die zukünftigen Kollektive ausgeformt. Wesentlich ist dabei die Suche nach «inneren Waldrändern», an denen oft Bäume mit vergleichsweise langen Kronen vorkommen. Die Rotten und Gassen werden so ausgeformt, dass sich die Rotten nicht direkt untereinander konkurrenzieren können. Denn sonst würde die Krone der Randbäume nach oben treiben, was unter diesen Umständen nicht erwünscht wäre.

Danach werden die Rotten sich selbst überlassen, bis der Zeitpunkt gekommen ist, die Verjüngung einzuleiten. Dazu werden jeweils ganze Rotten entnommen, damit genügend direktes Licht und Wärme für die Verjüngung zur Verfügung stehen. Alle paar Jahre (oder Jahrzehnte) kann also ein gewisser Anteil der Rotten (Anteil = Wiederkehrzeit/Umtriebszeit) entnommen und verjüngt werden. Langfristig entsteht daraus eine nachhaltige Rottenstruktur mit einem ausgewogenen Verhältnis junger und alter Rotten.

Die Holznutzung ist dabei gewissermassen ein Nebenprodukt der Waldverjüngung, die notwendig ist, um die Stabilität und damit die Waldfunktionen langfristig zu gewährleisten.

Die **Kammerung** verbindet Elemente der Gruppenplenterung beziehungsweise der Rottenpflege der Hochlagen mit der Z-Baum-Pflege der Tieflagen und ist damit ideal für die Bewirtschaftung auf der hochmontanen Stufe geeignet. Auf dieser Stufe lässt die Verjüngungsgunst im Vergleich zur obermontanen Stufe allmählich nach. Natürlicherweise bilden sich hier zwar noch mehr oder weniger geschlossene Bestände, sie variieren aber in ihrer Dichte oft stärker als solche in tieferen Lagen. Durch die Unterschiede entstehen natürliche Übergänge, die inneren Waldränder. Sie können genutzt werden, um den Wald als Ganzes zu stabilisieren.

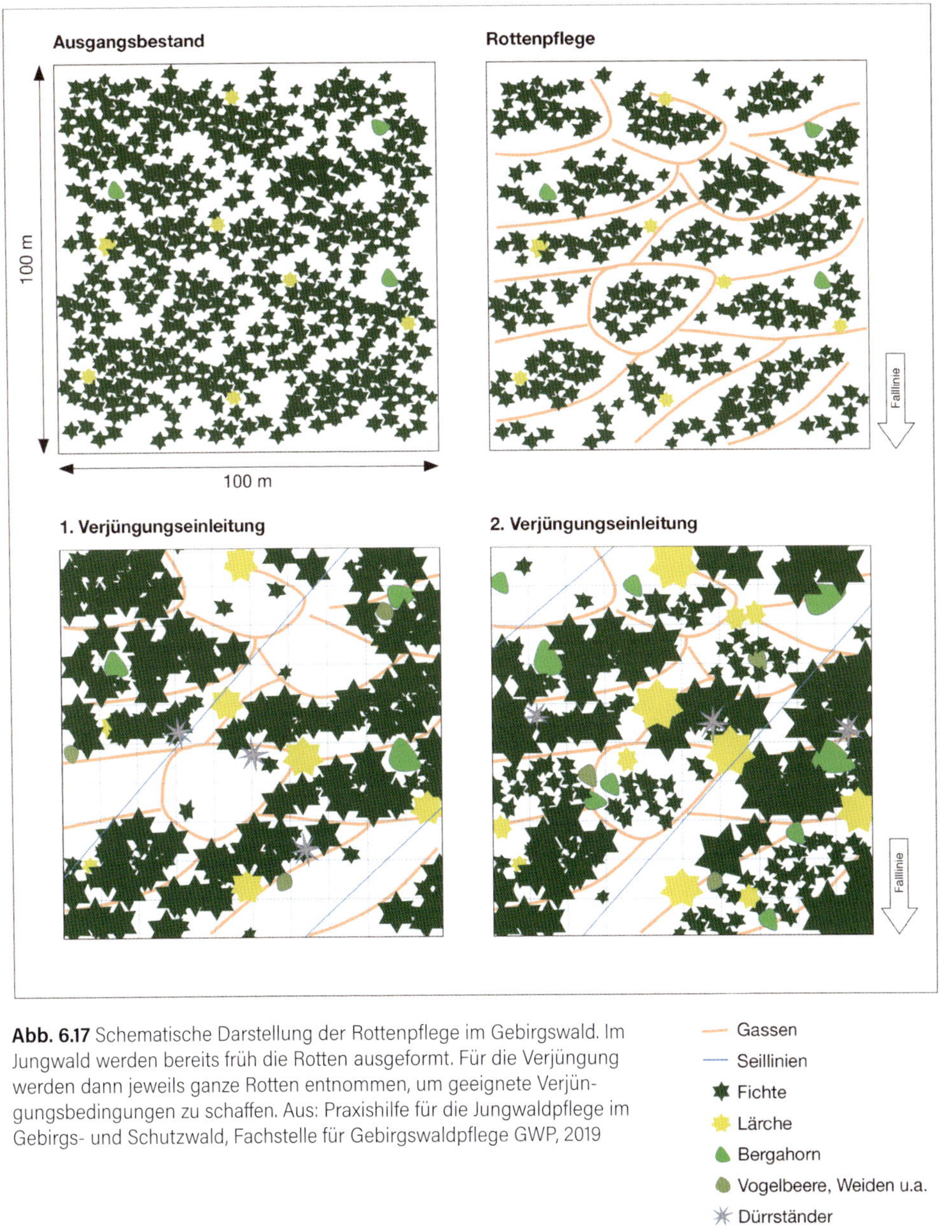

Abb. 6.17 Schematische Darstellung der Rottenpflege im Gebirgswald. Im Jungwald werden bereits früh die Rotten ausgeformt. Für die Verjüngung werden dann jeweils ganze Rotten entnommen, um geeignete Verjüngungsbedingungen zu schaffen. Aus: Praxishilfe für die Jungwaldpflege im Gebirgs- und Schutzwald, Fachstelle für Gebirgswaldpflege GWP, 2019

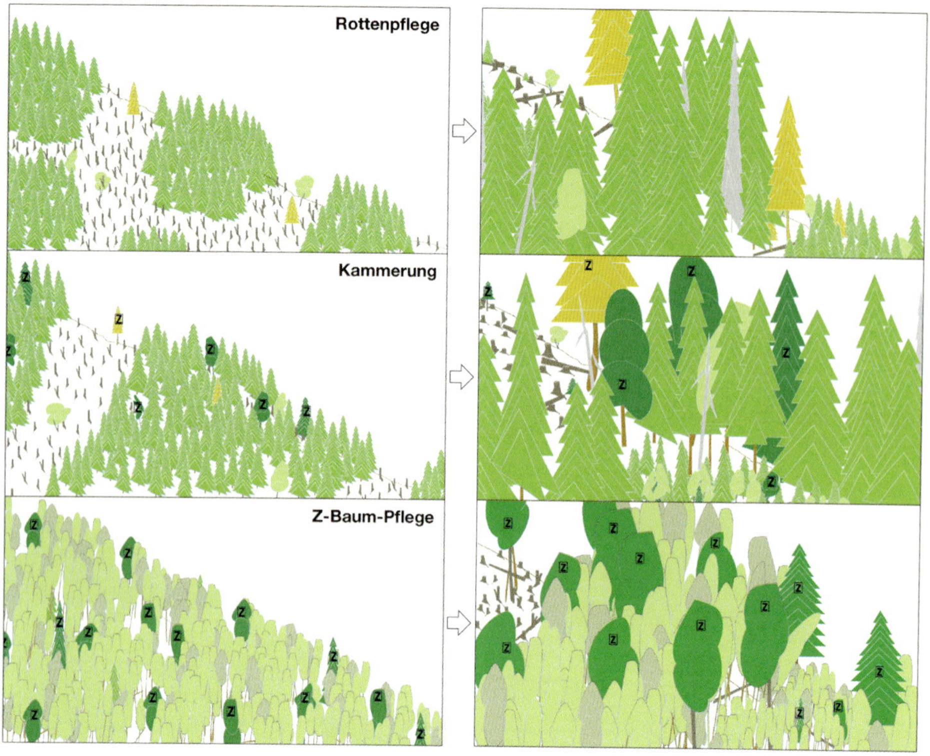

Abb. 6.18 Das Prinzip der Kammerung liegt zwischen der Rottenpflege und der Z-Baum-Pflege der Tieflagen. Die Kammern sind grösser als Rotten, aber kleiner als typische Bestände im Flachland. Wichtig für die Stabilität ist insbesondere der höhere Anteil innerer Waldränder (an den Kammerrändern). Aus: Praxishilfe für die Jungwaldpflege im Gebirgs- und Schutzwald, Fachstelle für Gebirgswaldpflege GWP, 2019

Als langfristiges Waldbauziel sollen ungleichaltrige Bestände mit unterschiedlichen Baumarten geschaffen werden. Aufgrund der höheren Verjüngungsgunst kann die Grösse der Verjüngungsöffnungen variabler gestaltet werden, als dies auf subalpiner Stufe der Fall ist. Dafür werden sogenannte Kammern (bis ca. 0,25 ha) ausgeformt, die wie die Rotten bei der Rottenpflege durch Gassen voneinander getrennt sind. So kann jede Kammer einen eigenen, langen äusseren Kronenrand entwickeln, was zur kollektiven Stabilität beiträgt. Neben der kollektiven Stabilität, die bei der Rottenpflege klar im Vordergrund steht, können auch andere waldbauliche Ziele verfolgt werden. Innerhalb der Kammern werden besonders wertvolle Bäume (ökologisch oder ökonomisch) als Z-Bäume bezeichnet und nach den Grundsätzen der Z-Baum-Pflege gefördert.

6.9.1 Kosten

Im Gebirgswald sind die Bewirtschaftungskosten aufgrund der schwierigen topografischen Bedingungen (starke Hangneigung) und der schlechten Erschliessung deutlich höher als in den Wäldern der tieferen Lagen. Folglich ist die Holzernte (Ernte und Rücken) im Gebirge unter den heutigen Bedingungen kaum kostendeckend möglich. Ausserhalb des Schutzwalds, wo eine minimale Pflege vorgeschrieben ist, wurde aus diesem Grund über die letzten Jahrzehnte vielerorts die Bewirtschaftung stark zurückgefahren oder ganz eingestellt. Doch gerade in diesen häufig rein gepflanzten und zum Teil überalterten Beständen im Gebirge braucht es eine zielgerichtete Bewirtschaftung, um kontinuierliche Waldleistungen sicherzustellen und die Wälder an den Klimawandel anzupassen.

Unter den aktuellen Rahmenbedingungen ist es für viele Gebirgswaldbesitzende ökonomisch sinnvoll, die Waldbewirtschaftung aufzugeben. Sollen jedoch das nachhaltige Holzproduktionspotenzial sowie die weiteren Waldleistungen auch auf diesen Flächen langfristig erhalten werden, müssen zusätzliche Finanzierungskanäle geschaffen werden, um mindestens eine kostendeckende Waldbewirtschaftung zu ermöglichen.

6.10 SCHUTZWALD

Auf den rund 46 Prozent der Schweizer Waldfläche, auf denen die Schutzfunktion Priorität hat, steht immer die nachhaltige Erfüllung der Funktion im Vordergrund. Kann die Schutzwirkung eines Waldes vorübergehend nicht gewährleistet werden, entsteht ein beträchtliches Risiko für die betroffene Bevölkerung sowie die Infrastruktur. Nicht selten müssen dann extrem teure, technische Massnahmen (Verbauungen, Netze usw.) ergriffen werden, um die Sicherheit zu wahren. Aufgrund dieser Vorrangfunktion sind Schutzwälder die einzigen Waldflächen, die gepflegt werden **müssen.**

Das BAFU-Projekt **Nachhaltigkeit und Erfolgskontrolle im Schutzwald,** kurz **NaiS,** dient als Wegleitung für die Schutzwaldbewirtschaftung in der Schweiz. Es definiert vier unterschiedliche Anforderungsprofile gemäss der vorherrschenden Naturgefahr: Lawinen (1), Rutschungen, Erosion und Murgänge (2), Steinschlag (3) sowie Gerinneprozesse (4).

Die NaiS-Wegleitung formuliert jeweils die notwendigen Anforderungen an den Standort (neu muss auch der Klimawandel berücksichtigt werden) sowie diejenigen bezüglich der Naturgefahr. Der angestrebte Waldzustand orientiert sich an den Kenntnissen über die Naturgefahren und über die lokalen Standortverhältnisse. So ist für den Schutz vor Lawinen beispielsweise insbesondere die Lückengrösse (in Falllinie) ausschlaggebend, um den Anriss von Lawinen zu verhindern. Für Wälder, die gegen Steinschlag schützen, sind hingegen vor allem die Stammzahl und die Durchmesserverteilung von Bedeutung.

Sogenannte Anforderungsprofile beschreiben jeweils die Waldzustände, von denen eine hohe Schutzwirkung erwartet wird. Die Anforderungsprofile setzen sich aus fol-

Abb. 6.19 Schutzbauten und Schutzwald oberhalb von Davos (GR). Bild: Alessandra Bottero

genden Merkmalen zusammen: Mischungsgrad, Vertikalgefüge (Struktur), Horizontalgefüge (Deckungsgrad, Lücken, Stammzahl usw.), Stabilitätsträger und nachhaltige Verjüngung. Es wird sowohl ein Minimalprofil, das zwingend erfüllt werden muss, als auch ein Idealprofil, welches eine theoretisch optimale Situation repräsentiert, angegeben. Waldbesitzende und -bewirtschaftende sind gesetzlich verpflichtet, die minimale Pflege der Schutzwälder zu gewährleisten. Die dafür notwendigen Massnahmen werden in der Regel mithilfe des «Formulars 2» aus dem NaiS-Projekt geplant und dokumentiert.

Da bei der Schutzwirkung keinerlei zeitlicher Unterbruch toleriert werden kann, muss die Schutzwaldpflege kontinuierlich gewährleistet werden. Deshalb steht bei der Schutzwaldbewirtschaftung stets auch die nachhaltige Erneuerung der Wälder im Vordergrund. Die Rottenpflege ist eine gute Strategie, um dies trotz der schwierigen Verjüngungsbedingungen in höheren Lagen zu gewährleisten.

6.11 BIODIVERSITÄT

Wälder gehören zu den artenreichsten Ökosystemen der Erde und erbringen zahlreiche essenzielle Ökosystemdienstleistungen. Eine vielfältige Flora, Fauna, Mykota (Pilze) und Mikrobiota in Wäldern trägt zur Stabilität und Resilienz dieser Lebensräume bei und ermöglicht es ihnen, auf natürliche Weise auf Umweltveränderungen zu reagieren. Biodiversität ist somit nicht nur ein Wert an sich, sondern auch der Schlüssel für die nachhaltige Waldbewirtschaftung sowie die langfristige Stabilität und Anpassungsfähigkeit unserer Waldökosysteme.

Ein wichtiger Grund für die Notwendigkeit der Biodiversitätsförderung im Wald ist die Rolle der Artenvielfalt für die ökologischen Funktionen des Waldes. Jede Art, ob Tier, Pflanze, Pilz oder Mikroorganismus, erfüllt spezifische Aufgaben innerhalb des Ökosystems. Bestäuber wie Insekten sorgen für die Fortpflanzung vieler Pflanzenarten, während Bodenorganismen die Zersetzung von organischem Material unterstützen, so Nährstoffe für das Wachstum der Pflanzen bereitstellen und damit den Nährstoffkreislauf schliessen. Wird die Biodiversität reduziert, können diese Prozesse gestört werden, was sowohl die Resistenz als auch die Resilienz der Waldökosysteme abschwächt und so langfristig die Bereitstellung der Waldleistungen gefährdet.

6.12 BEDEUTUNG DES BETRACHTUNGSRAHMENS

Im Laufe der Zeit haben sich viele Menschen mit dem Konzept der Diversität beschäftigt. Es zeigte sich immer wieder: Diversität ist eine Frage der Skala. Auch im Waldbau gibt es Überlegungen dazu, auf welcher räumlichen Skala welche Diversität beurteilt werden soll. Diversität kann sich auf verschiedene Variablen, etwa die Baumartenvielfalt, die Strukturvielfalt, die Störungsintensität und die Lichtverhältnisse, beziehen. Das gilt genauso für die Biodiversität, für die es keine eindeutig definierte Kontrollgrösse gibt und die sich je nach betrachteter Artengruppe auf demselben Standort stark unterscheiden kann.

Um die Bedeutung der räumlichen Ebene zu unterstreichen, hilft ein anerkanntes Konzept aus der Ökologie. Es betrachtet die Diversität eines Ökosystems oder einer Landschaft auf drei verschiedenen räumlichen Ebenen, die Alpha-, Beta- und Gamma-Diversität.

Die Alpha-Diversität stellt die Vielfalt innerhalb einer Gemeinschaft auf kleiner Skala (zum Beispiel einige 100 Quadratmeter) dar, die im Wald etwa vergleichbar mit einem Bestand oder einer Abteilung ist. Die Beta-Diversität beschreibt die Unterschiede der Vielfalt zwischen Gemeinschaften. Sie vergleicht die Zusammensetzung zweier oder mehrerer Einheiten, die oft klar voneinander abgrenzbar sind (zum Beispiel Waldbestände mit unterschiedlichen Eigenschaften). Die Beta-Diversität ist umso höher, je unterschiedlicher die verglichenen Gemeinschaften sind. Schliesslich wird die Gamma-Diversität auf einer sehr grossen Skala – zum Beispiel einem Forstrevier oder einer Waldregion – untersucht, wobei die Vielfalt über viele Einzelteile aufsummiert wird.

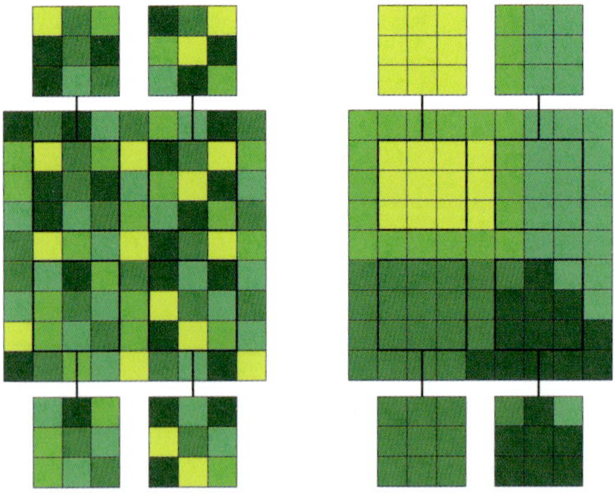

Abb. 6.20 Darstellung des Skalenproblems anhand der Waldstruktur (Baumhöhen) zweier Waldflächen. Links: Plenterwald mit hoher Alpha-Diversität bezüglich der Waldstruktur (hohe Variabilität der Baumhöhen innerhalb der kleinen 3×3-Flächen), aber geringer Beta-Diversität (die kleinen 3×3-Flächen sind relativ ähnlich). Rechts: Femelschlag mit geringer Alpha-Diversität (homogen innerhalb der 3×3-Flächen) und hoher Beta-Diversität (3×3-Flächen unterscheiden sich jeweils stark voneinander). Die Gamma-Diversität wurde so gewählt, dass sie bei beiden Flächen gleich ist.

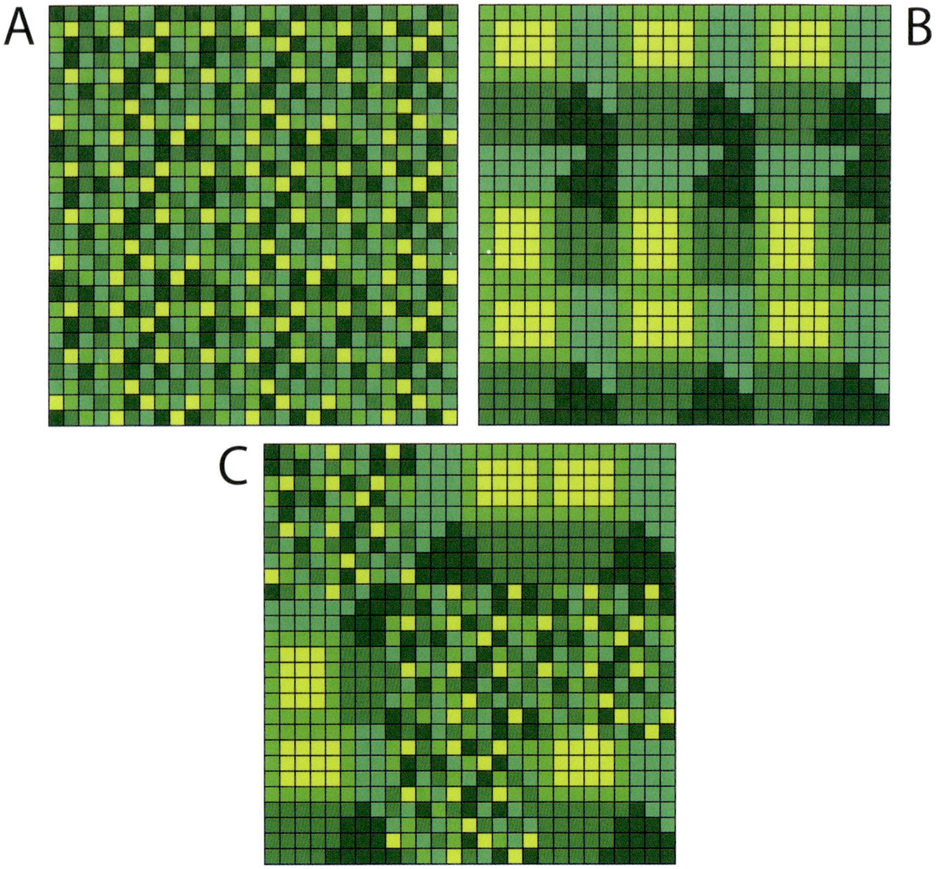

Abb. 6.21 Diversität auf grösster Skala (= Gamma-Diversität, Waldmassiv oder Forstbetrieb). A und B stellen vereinfacht die Strukturdiversität im Plenterwald (A) und im Femelschlag (B) dar. Aus C wird ersichtlich, dass die grösste Ungleichförmigkeit auf Ebene des Forstbetriebs aus einem Nebeneinander (Mosaik) der Strategien A und B entsteht.

Diese Betrachtungsweise ist im Wald besonders in Bezug auf die Ungleichförmigkeit und die Biodiversität relevant und wird mitunter heiss diskutiert. Abbildung 6.20 zeigt die Bedeutung der Betrachtungsskala bei der Waldbewirtschaftung anhand der Strukturdiversität.

Es ist zu beachten, dass insbesondere die Übergänge von einer Struktur zur anderen ökologisch von Bedeutung sind. Bestimmte Tier- und Pflanzenarten sind ausserdem auf Strukturen unterschiedlicher Ausdehnungen angewiesen. Auf Ebene eines Forstbetriebs erscheint es somit einleuchtend, die höchste Diversität waldbaulich durch eine über die Fläche verteilte Kombination unterschiedlicher Lückengrössen zu erreichen.

Daraus ergibt sich für Kleinwaldbesitzende ein Dilemma: Möchten sie innerhalb ihrer kleinen Waldfläche die Strukturdiversität optimieren, ist Plenterung ideal dafür geeignet. Wenn aber alle der gleichen Überlegung folgen, führt das zu einer geringen Beta-Diversität, das heisst, alle Waldflächen haben eine sehr ähnliche ungleichförmige Struktur. Die Gesamtdiversität könnte somit verbessert werden, indem die «Unterschiedlichkeit» der kleinen Waldflächen gefördert wird.

Um die Diversität des Waldes auf grösster Skala (Gamma-Diversität) zu maximieren, braucht es eine regionale Koordination unter den unterschiedlichen Waldbesitzenden. Die Koordinationsaufgabe liegt oft in Händen der lokalen Forstbetriebe. Sie haben in der Regel den besten Überblick über die regionale Waldbewirtschaftung und verfügen über die nötigen Kompetenzen und technischen Hilfsmittel.

6.13 ELEMENTE DES NATURNAHEN WALDBAUS

Bei der Waldbewirtschaftung können die biologische und die strukturelle Vielfalt kostengünstig durch die Elemente des naturnahen Waldbaus gefördert werden. Bei der flächigen Verjüngung kann mit minimalem Zusatzaufwand eine gewisse Anzahl Überhälter und Habitatbäume erhalten werden, ohne die Verjüngung massgeblich zu beeinflussen. **Überhälter** bezeichnen dabei zur Holzproduktion bestimmte Bäume des Altbestands, die noch länger (zum Teil eine ganze Umtriebszeit) im Bestand bleiben sollen, um höhere Durchmesser zu erreichen. Vielfach sind dies Föhren, die aufgrund ihrer kleinen Kronen nur wenig Schatten werfen und dennoch zum Teil beträchtliche Zuwachsleistungen erreichen. Auch Eichen und Lärchen eignen sich aufgrund der guten Wertleistung und des hohen biologischen Maximalalters gut als Überhälter.

Neben den Überhältern, die vorwiegend aufgrund der Holzproduktion im Bestand bleiben, ist es oft sinnvoll, einige Bäume – das BAFU empfiehlt als Faustregel mindestens fünf pro Hektare – als Biotop- oder Habitatbäume zu erhalten. Diese Habitatbäume werden in der Regel bis zum natürlichen Zerfall sich selbst überlassen und bieten dadurch ein langfristiges Habitat für vielfältige Tier-, Pflanzen- und Pilzarten.

Auch stehendes und liegendes Totholz ist wertvoll für die Biodiversität. Im Gebirge ist zudem oft Moderholz nötig, um eine nachhaltige Waldverjüngung zu ermöglichen. Es sollte also darauf geachtet werden, einen genügend grossen Anteil des geernteten

Holzes im Wald zu belassen. Auch bei der Ernte von hiebsreifen Bäumen sollten die «wertlosen» Teile vor Ort zurückgelassen werden, um den Nährstoffkreislauf im Wald möglichst wenig zu beeinträchtigen. Totholz unterschiedlicher Holzarten und verschiedener Dimensionen fördert zudem die Biodiversität. Das BAFU nennt in diesem Zusammenhang einen Richtwert von mindestens 10 Kubikmeter pro Hektare. Asthaufen können eine sinnvolle Ergänzung zum Totholz grösserer Dimensionen sein, dieses jedoch nicht gänzlich ersetzen.

Besondere Bedeutung kommt dem stehenden Totholz zu. Abgestorbene Kronenteile oder ganze Bäume sind besonders wertvoll für die Biodiversität und sollten dort – wo kein unmittelbarer Konflikt mit der Sicherheit gegeben ist – in angemessener Zahl erhalten werden. Alte Eichen gelten mitunter deshalb als ökologisch wertvoll, weil sie oft über Kronentotholz verfügen und sehr lange stehen bleiben können.

Abgestorbene Fichten, die zwar vom Borkenkäfer befallen waren, deren Rinde jedoch bereits abgeblättert ist, stellen kein Infektionsrisiko mehr dar und können vielfach als stehendes Totholz bewahrt werden. Es ist sinnvoll, Totholzinseln unterschiedlicher Grösse (vom Einzelbaum bis hin zu grösseren Gruppen) zu erhalten, die räumlich miteinander vernetzt und nicht voneinander isoliert sind. Oft gibt es schlecht erschlossene Teilbereiche, die kaum kostendeckend bewirtschaftet werden können. Es bietet sich daher an, besonders an den schwer zugänglichen Stellen auf grössere Altholzinseln zu setzen.

6.13.1 Waldränder sind Biodiversitätshotspots

Waldränder sind besonders wertvoll für die Biodiversität und die Erholungsleistung von Wäldern, da sie eine Übergangszone zwischen Wald und Offenland darstellen und eine hohe strukturelle und ökologische Vielfalt begünstigen. Die Randbereiche bieten eine Vielzahl von Lichtbedingungen und Mikrohabitaten, die ideal für unterschiedliche Tier- und Pflanzenarten sind, etwa lichtliebende Kräuter, Insekten oder Vögel. Die Mischung aus Schatten, Licht und verschiedenen Vegetationsschichten schafft vielfältige Habitate mit Arten sowohl des Waldes als auch des Offenlands. Gleichzeitig sind Waldränder wichtige Lebensräume für Bestäuber wie Bienen und Schmetterlinge, die essenziell für das Funktionieren von Ökosystemen sind.

Auch für den Menschen haben Waldränder eine besondere Bedeutung: Sie sind oft aus grosser Entfernung sichtbar und werden wegen ihrer abwechslungsreichen Landschaft als besonders ästhetisch wahrgenommen. Im Frühling sind sie durch ihre Blütenvielfalt richtige Augenweiden und im Herbst sind die daraus entstandenen Früchte eine wichtige Nahrungsquelle für viele Vögel und andere Tierarten.

Abb. 6.22 Blühende Hecke am Jurasüdfuss oberhalb von Neuenburg (NE) im Frühjahr 2025. Das grosse Blütenangebot sowie der dichte Wuchs von Strauchsäumen und Waldrändern sind ein Trumpf für die Biodiversität. Bild: Julian Muhmenthaler

6.13.2 Integrale Biodiversitätsförderung

Leider gibt es kein Patentrezept für die Biodiversitätsförderung. Daher müssen stets die Umwelt- und Rahmenbedingungen bei der Massnahmenplanung berücksichtigt werden. In der Schweiz sind vor allem spezialisierte Artengruppen gefährdet. Generalisten und Kulturfolger hingegen haben tendenziell von der Homogenisierung der Wälder und der Kulturlandschaft profitiert.

Deshalb ist es besonders wichtig, Habitate, die in der Vergangenheit aufgrund menschlicher Aktivitäten stark reduziert wurden, soweit möglich, zu erhalten beziehungsweise wiederherzustellen. In den Schweizer Wäldern sollte also seltenen Standortstypen besondere Beachtung bei der Biodiversitätsförderung geschenkt werden. Auf Ebene des Forstbetriebs bedeutet dies beispielsweise, dass die den unterschiedlichen Standortstypen zugrunde liegenden Umweltbedingungen berücksichtigt werden.

Effiziente Biodiversitätsförderung basiert auf situativen Massnahmen, die sich am natürlichen Biodiversitätspotenzial der vorkommenden Waldstandorte orientieren. Eine Massnahme beispielsweise zur Förderung von Artengruppen, die von helleren Lichtverhältnissen profitieren, sollte sinnvollerweise auf weniger produktiven Waldstandorten durchgeführt werden. So werden zum einen die Opportunitätskosten der Holzproduktion gering gehalten. Zum anderen müssen die Eingriffe zum Erhalt der gewünschten Lichtverhältnisse aufgrund der geringeren Wachstumsdynamik weniger oft beziehungsweise weniger intensiv durchgeführt werden. Beides führt zu einem besseren Kosten-Nutzen-Verhältnis.

Bei der Förderung der Baumartendiversität sind die Standortstypen (siehe Kapitel 3.3.6) von zentraler Bedeutung. Soll beispielsweise der Eichenanteil erhöht werden, ist es sinnvoll, die Eiche besonders auf bereits eher sauren und trockenen Buchenwaldstandorten (zum Beispiel Standortstypen 1, 7c, 8*) zu fördern, wo die Konkurrenzkraft der Buche natürlicherweise geringer ist. Auf frischen und basenreichen Standorten (zum Beispiel 9a, 11, 13a) lassen sich zwar eichendominierte Bestände erzeugen, in der Regel ist dies jedoch mit einem deutlich grösseren Pflegeaufwand verbunden.

6.13.3 Klare Zielsetzungen

Auch bei der Biodiversitätsförderung gilt: Es braucht klare Zielsetzungen bezüglich der zu fördernden Habitate und Artengruppen. Grosse Flächen mit totalem Nutzungsverzicht (Naturwaldreservate) eignen sich aufgrund der langfristig höheren Totholzvorräte gut, um spezialisierte Arten, besonders Pilze, Käfer, Flechten und andere Mikroorganismen, zu fördern.

Für die Vielfalt der Insekten, insbesondere Falterarten, ist hingegen vielfach der Lichteinfall und das damit verbundene Vorkommen von Pionierbaumarten wie der Birke sowie verschiedenen Weiden- und Pappelarten entscheidend. Bei Vögeln wiederum sind die Höhlenbrüter auf das Vorhandensein von genügend Dendromikrohabitaten, also Habitatbäume und stehendes Totholz, angewiesen. Bodenbrütende Vögel hingegen bevorzugen vielfach sehr dichte und undurchdringliche Waldbestände, wie sie typischerweise in den jungen Entwicklungsstufen oder am Waldrand vorkommen.

Bereits diese wenigen Beispiele machen deutlich, dass es nicht möglich ist, auf derselben Fläche die Habitateignung für alle Artengruppen zu optimieren. Auf Ebene des Forstbetriebs oder der Waldregion braucht es also langfristige und integrale Überlegungen zur Habitat- und Artenvielfalt, um der Komplexität des Waldökosystems gerecht zu werden und dessen natürliches Potenzial auszuschöpfen.

6.14 ERHOLUNGSWALD

Wälder bieten eine wichtige Grundlage für Freizeitaktivitäten wie Wandern, Radfahren oder Naturbeobachtung und tragen wesentlich zur physischen und psychischen Gesundheit der Bevölkerung bei. Die Erholungsfunktion des Waldes muss deshalb bei der Waldplanung und -bewirtschaftung ebenfalls berücksichtigt werden.

In Waldgebieten mit intensiver Erholungsnutzung kann eine Zonierung sinnvoll sein, bei der zunächst Waldgebiete mit hohem Erholungswert identifiziert und spezifische Massnahmen zur Förderung der Erholungsfunktion geplant werden. Dies kann sowohl auf kantonaler Ebene bei den Waldentwicklungsplänen als auch auf betrieblicher Ebene (beziehungsweise Gemeindeebene) sinnvoll sein.

Ein weiterer Aspekt ist die aktive Gestaltung des Waldes. Vielfältige Waldstrukturen, ausreichende Beschilderung sowie Erholungsinfrastruktur wie Wege und Strassen, Sitzbänke oder Spielplätze fördern die Besucherfreundlichkeit. Mittels gezielter Besucherlenkung können zudem die Störungen durch die Erholungssuchenden minimiert werden.

Die enge Zusammenarbeit zwischen Waldbewirtschaftung, Gemeinden sowie Naturschutz- und Freizeitorganisationen ist dabei essenziell. Durch Monitoring und Partizipation der Bevölkerung wird sichergestellt, dass die Erholungsnutzung langfristig mit den ökologischen und wirtschaftlichen Funktionen des Waldes im Einklang bleibt. Zudem kann die Bevölkerung für die der aktiven Waldpflege zugrunde liegenden Gedanken sensibilisiert werden. So wird die multifunktionale Rolle des Waldes für kommende Generationen gesichert.

6.15 FAZIT FÜR DIE MODERNE WALDBEWIRTSCHAFTUNG

Denen, die bis hier durchgehalten haben, ist sicherlich aufgefallen, dass die naturnahe und nachhaltige Waldbewirtschaftung insgesamt unheimlich kompliziert ist. Eine scharfe Beobachtungsgabe und ein integrales Verständnis der der Waldbewirtschaftung zugrunde liegenden Prozesse sind somit eine unverzichtbare Voraussetzung für eine effiziente und zielgerichtete Waldbewirtschaftung. Die Standortstypen, der Charakter der Baumarten, die natürliche Wachstumsdynamik sowie die sozioökonomischen (Holzmarkt, Ansprüche der Gesellschaft, Klimaschutz usw.) und technischen Rahmenbedingungen beeinflussen die waldbauliche Entscheidungsfindung.

Heute ist der Wald viel mehr als nur Holzlieferant, er ist untrennbar mit der Gesellschaft verknüpft. Die vier Waldfunktionen (Holzproduktion, Schutzfunktion, Biodiversität und Erholung) und die vielfältigen erbrachten Waldleistungen können nie alle gleichzeitig erfüllt werden, sondern erfordern eine differenzierte Interessensabwägung. Der resultierende Kompromiss wiederum ist in manchen Teilaspekten oft ein wenig unbefriedigend. Schliesslich wünschen wir uns intuitiv immer «z Füfi und z Weggli» – wir würden also gerne Holzmöbel, Bauholz, Papier und Energieholz produzieren, ohne dass dafür Bäume gefällt werden müssen, die einen gesellschaftlichen, ästhetischen oder biologischen Wert haben.

Einen Ausweg aus dem Dilemma zu suchen, ist die Hauptaufgabe der modernen Waldbewirtschaftung. Sie muss die Interessen der Waldbesitzenden und Erholungssuchenden berücksichtigen und gleichzeitig unserer Kulturlandschaft, dem Schutzwald und der Zukunftsfähigkeit unserer Wälder Sorge tragen. Försterinnen und Förstern sowie allen übrigen an der Waldbewirtschaftung beteiligten Personen kommt dabei eine Schlüsselrolle zu. Waldbewirtschaftende versuchen nicht, sich am Wald zu bereichern. Vielmehr setzen sie sich mit Herzblut und viel Schweiss für die Nachhaltigkeit

Abb. 6.23 Moore bieten Habitat für eine Vielzahl von Tier- und Pflanzenarten. Moorgebiet unweit des Etang de Bouleyres bei Bulle (FR) im Frühjahr 2022. Bild: Julian Muhmenthaler

und Pflege unserer geliebten Wälder und Waldökosysteme ein, damit auch zukünftige Generationen sich an den wunderschönen und äusserst diversen Schweizer Wäldern erfreuen können.

Hinter jeder waldbaulichen Entscheidung steht in der Regel eine ganze Reihe von Überlegungen, aber nur ein Zwischenresultat wird bei der Umsetzung waldbaulicher Massnahmen sichtbar – und das oft auf dramatische Weise. Die inkrementale (schrittweise) Waldentwicklung ist jedoch weniger greifbar.

Waldbewirtschaftung braucht also einerseits Geduld und Gelassenheit, um der natürlichen Entwicklung genügend Raum zu geben, sich zu entfalten. Andererseits braucht es in Zeiten des rapiden Klimawandels auch den Mut, zukünftige Entwicklungen gemäss den wissenschaftlichen Prognosen vorwegzunehmen und den Wald und die Natur im Allgemeinen dabei zu unterstützen, sich schnell genug an die vom Menschen veränderten Umweltbedingungen anzupassen.

7 Organisationen und Hilfsmittel

Buchen-Hallenwald im Herbst bei Rochefort (NE). Bild: LFI/WSL

In der Schweiz ist eine Vielzahl an unterschiedlichen Institutionen an der Waldnutzung und -bewirtschaftung beteiligt. Jede dieser Organisationen verfügt über spezifische Kompetenzen.

Die folgenden Abschnitte geben einen kurzen Überblick über die an der Waldbewirtschaftung beteiligten Organisationen und darüber, wo sich Interessierte zu bestimmten Themen informieren können. Bei einzelnen Institutionen wird auf frei verfügbare Werkzeuge und Unterlagen verwiesen, die bei Waldplanung und -bewirtschaftung sowie dem Stillen unersättlicher Neugier behilflich sein können.

7.1 BILDUNGS- UND FORSCHUNGSINSTITUTIONEN

Bildungszentren Wald Lyss und Maienfeld

www.bzwlyss.ch
www.ibw.ch
Die Bildungszentren Wald in Lyss und Maienfeld sind verantwortlich für die praktische Aus- und Weiterbildung des Forstpersonals auf Stufe der höheren Fachschule (HF). Neben der zweijährigen Ausbildung zur Förster:in HF werden auch Weiterbildungen zum/zur Forstwart-Vorarbeiter:in und Forstmaschinenführer:in angeboten.
Am BZW-Maienfeld wird zudem eine Ausbildung zum/zur Seilkraneinsatzleiter:in angeboten.
Am BZW Lyss können sich seit einigen Jahren ausserdem auch Menschen ohne spezifische Vorkenntnisse zum Wald zu Ranger:innen ausbilden lassen.

HAFL

www.bfh.ch/hafl
Seit gut 20 Jahren bietet die Hochschule für angewandte Forst- und Landwirtschaft HAFL als Teil der Berner Fachhochschule BFH höhere forstliche Bildung auf Fachhochschulstufe (FH) an. Derzeit werden sowohl Bachelor- als auch Masterstudiengänge zur Waldbewirtschaftung angeboten.

Wichtige Ressourcen

- MOTI: www.moti.ch
  Die in Kapitel 3 vorgestellte App MOTI (Mobile Timber Cruise) ermöglicht es, mit einfachsten Mitteln (Handy und 2-m-Stab) eine Waldinventur durchzuführen und wichtige Grössen wie die Stammzahl, die Grundfläche oder den Holzvorrat schnell und effektiv abzuschätzen.

- Sylvothèque: www.sylvotheque.ch
  Sylvothèque ist eine frei zugängliche Internetplattform, in der Hunderte virtuelle Waldführungen gemacht werden können. Auf verschiedenen Waldflächen in der ganzen Schweiz (und einigen in Europa) wurden 360°-Bilder der Wälder aufgenommen, die online eingesehen werden können.
- Martelage sylvothèque: https://martelage.sylvotheque.ch/
  Die Internetplattform dient der waldbaulichen Aus- und Weiterbildung und ist neuerdings auch als App verfügbar (MSC Mobile). Auf verschiedenen genau vermessenen Probeflächen können mithilfe der App Anzeichnungsübungen in realen Waldbeständen durchgeführt und die Resultate schnell und unkompliziert ausgewertet werden.

ETH Zürich

Die ETH Zürich ist die Bildungsinstitution mit der längsten Tradition in der forstlichen Ausbildung. Seit ihrer Gründung im Jahr 1855 wurden dort Forstfachleute ausgebildet. Seit 1995 gibt es keinen Studiengang zu diplomierten Forstingenieur:innen mehr, sondern die forstliche Bildung wurde in die Umweltnaturwissenschaften eingegliedert.

- Schütz (2002, 2003): Skriptserie Waldbau
  Download unter: https://silviculture.ethz.ch/studium/waldbau-skripte.html
- Rudow (2024): Dendrologie Artenportraits. Morphologische und ökologische Eigenschaften der Gehölzarten Mitteleuropas. Hrsg. Dendrologie und Vegetationskunde, ETH Zürich
  Download unter: www.dendro.ethz.ch

WSL

www.wsl.ch

1885 wurde als Ergänzung zur forstlichen Abteilung der ETH Zürich die Centralanstalt für das forstliche Versuchswesen gegründet. Sie wurde später zur Eidgenössischen Anstalt für das forstliche Versuchswesen (EAFV) und schliesslich zur Eidgenössischen Forschungsanstalt für Wald, Schnee und Landschaft (WSL).

Die WSL untersucht Veränderungen der Umwelt sowie die Nutzung und den Schutz von natürlichen Lebensräumen und Kulturlandschaften und überwacht den Zustand und die Entwicklung von Wald, Landschaft, Biodiversität und Naturgefahren. Damit ist die WSL auch verantwortlich für das schweizerische Landesforstinventar LFI.

Die Website des LFI (www.lfi.ch) ist eine der wichtigsten Informationsquellen über den Schweizer Wald. Sie bietet frei verfügbar Tausende von Auswertungsmöglichkeiten.

- Ergebnisbericht LFI 4
  Download unter: lfi.ch/media/documents/publikationen/ergebnisberichte/LFI4_Ergebnisbericht.pdf

Die WSL publiziert ausserdem die Schriftenreihe *Merkblatt für die Praxis.* Sie liefert wertvolle Praxisempfehlungen zu Waldbewirtschaftung und -ökologie.

Download unter: https://www.wsl.ch/de/ueber-die-wsl/publikationen/merkblatt-fuer-die-praxis

Von grosser Bedeutung für die Praxis sind auch die von der WSL erarbeiteten Kostenkalkulationsmodelle JuWaPfl und HeProMo. Mit dem Kostenkalkulationsmodell für Jungwaldpflege (JuWaPfl) können die Kosten der waldbaulichen Eingriffe in der ersten Produktionsstufe (Pflanzung und Jungwaldpflege) einfach und präzise abgeschätzt werden. Für die Holzernte können die Werte mit dem Holzernteproduktivitätsmodell (HeProMo) berechnet werden.

- Erste Produktionsstufe: https://www.wsl.ch/de/services-produkte/juwapfl/
- Zweite Produktionsstufe: https://www.wsl.ch/de/services-produkte/hepromo/

Ebenfalls nennenswert ist das QGIS-Plugin der WSL für die Seillinienplanung (Seilaplan). Seilaplan ist ein GIS-basiertes Tool zur Unterstützung der Waldbewirtschaftung für das Designen und die Optimierung von Seillinienlayouts. https://seilaplan.wsl.ch/de/

Des Weiteren verfügt die WSL über verschiedene Bildarchive. Besonders nennenswert sind das Bildarchiv des Landesforstinventars (https://www.lfi.ch/resultate/photos/thumbnails.php) sowie das Archiv historischer Waldbilder, das aktuell im Rahmen des Projekts «Digitalisierung und Erschliessung von historischen Fotos» aufgearbeitet wird. Diverse Bilder in diesem Buch wurden diesen wertvollen Sammlungen entnommen.

Bücher und weitere Literatur

- Pluess, Augustin, Brang, (Red.) 2016: Wald im Klimawandel. Grundlagen für Adaptationsstrategien. BAFU, WSL. Haupt.
  Download unter: https://www.wsl.ch/de/publikationen/wald-im-klimawandel-grundlagen-fuer-adaptationsstrategien/
- Bütler et al., 2020: Taschenführer der Baummikrohabitate. Beschreibung und Schwellenwerte für Feldaufnahmen. WSL.
  Download unter: https://www.wsl.ch/de/publikationen/taschenfuehrer-der-baum-mikrohabitate/

Forstliches Ausbildungszentrum in Le Mont-sur-Lausanne

www.formation-forestiere.ch

Das Ausbildungszentrum bildet Forstwartlehrlinge im Kanton Waadt aus. Es bietet überdies zahlreiche Fortbildungskurse und Module an.

Institut für angewandte Pflanzenbiologie (IAP)

www.iap.ch
Seit über 40 Jahren forscht das Institut für angewandte Pflanzenbiologie (IAP) in den Bereichen Waldökologie und Pflanzenphysiologie. Sein Hauptanliegen ist die Gesundheit von Wäldern in der Schweiz und Stadtbäumen in Basel, die anhand von Dauerbeobachtung untersucht werden. Zusätzlich führt es Fallstudien und Experimente durch, um Detailfragen zu beantworten.

7.2 ÖFFENTLICHE ÄMTER

Bundesamt für Umwelt BAFU

www.bafu.admin.ch
Das BAFU koordiniert die Bewirtschaftung der Landesfläche auf nationaler Ebene und gibt verschiedene Wegleitungen und Richtlinien heraus.

- Waldbericht 2025
  Download unter: https://www.bafu.admin.ch/bafu/de/home/themen/wald/dossiers/waldbericht2025.html
- Jahrbuch Wald und Holz 2024
  Download unter: https://www.bafu.admin.ch/bafu/de/home/themen/wald/publikationen-studien/publikationen/jahrbuch-wald-und-holz.html
- Wegleitung Nachhaltigkeit und Erfolgskontrolle im Schutzwald NaiS
  Download unter: https://www.gebirgswald.ch/de/nais-download.html
- Tree App: www.tree-app.ch
- Grundanforderungen an den naturnahen Waldbau
  Download unter: https://www.bafu.admin.ch/bafu/de/home/themen/wald/publikationen-studien/publikationen/grundanforderungen-an-den-naturnahen-waldbau.html

Bundesamt für Landestopografie swisstopo

www.swisstopo.admin.ch
Swisstopo ist das Geoinformationszentrum der Schweiz. Hier dreht sich fast alles um Geodaten. Dieses Wissen ist für die Bevölkerung, Unternehmen und Behörden frei zugänglich. Mit **geo.admin.ch** betreibt das Bundesamt auch das Geoportal des Bundes.

Zwei schöne Möglichkeiten des Geoportals sind die «Zeitreise Kartenwerke» und die «Zeitreise Luftbilder», aus denen auch die Grundlagenkarten für das Fallbeispiel Berner Oberland in Kapitel 1.4.1 stammen: https://www.swisstopo.admin.ch/de/zeitreise-kartenwerke

National Centre for Climate Services NCCS

www.nccs.admin.ch

Das NCCS ist das Netzwerk des Bundes für Klimadienstleistungen. Als nationales Koordinations- und Innovationsorgan und Wissensdrehscheibe unterstützt es klimakompatible Entscheidungsfindungen, um Risiken zu minimieren, Chancen zu maximieren und Kosten zu optimieren. Auf der Website des NCSS sind vertiefte Informationen zu den Klimawandelszenarien CH2018 und den erwarteten Veränderungen für die Schweiz zu finden.

7.3 FACHSTELLEN

Koordinations- und Dokumentationsstelle Bildung Wald (Codoc)

www.codoc.ch

Codoc ist eine Fachstelle des Bundes und Drehscheibe für Informationen, Lehrmittel und Medien bezüglich der Waldbewirtschaftung. Sie informiert über Ausbildungsfragen, wirbt für die Waldberufe, gibt Lehrmittel heraus, unterstützt Lehrmeister:innen und Lehrkräfte bei der Lehrlingsausbildung und fördert die Qualität in der Aus- und Weiterbildung.

Fachstelle Waldbau (FWB)

www.waldbau-sylviculture.ch

Die Fachstelle Waldbau ist seit 2011 aktiv und räumlich am Bildungszentrum Wald in Lyss angesiedelt. Die Fachstelle Waldbau organisiert Kurse und Weiterbildungen und publiziert praxisnahe Unterlagen und Artikel im Zusammenhang mit Waldbau. Somit setzt sie sich mit in der Praxis breit abgestützter Wirkung für die Erhaltung und Förderung der Waldbaukompetenzen im Schweizer Wald ein.

Die FWB betreibt ein Netz an waldbaulichen Übungsflächen (Marteloskopen) für die forstliche Aus- und Weiterbildung und stellt eine Sammlung an wertvollen Waldbau-Publikationen bereit. Hervorzuheben sind insbesondere:

- Fallbeispiel: Anpassung an den Klimawandel
- Praxishilfe: Überführung in ungleichförmigen Hochwald
- Ökogramme mit Baumarten für die submontane und kolline Stufe
  Download unter https://waldbau-sylviculture.ch/60_publica_d.php

Fachstelle für Gebirgswaldpflege

www.gebirgswald.ch

Die Fachstelle befasst sich mit Waldbau und eng damit verknüpften Fachgebieten im schweizerischen Gebirgs- und Schutzwald. Sie organisiert und begleitet Weiterbildungsangebote und berät Waldfachleute bei der Bearbeitung waldbaulicher Probleme im Gebirgs- und Schutzwald. Zudem erarbeitet die Fachstelle für Gebirgswaldpflege Grundlagen und Informationsmaterial für die Öffentlichkeitsarbeit.

Besonders empfehlenswert:

- Praxishilfe: Pflege in buchendominierten Schutzwäldern
- Praxishilfe: Jungwaldpflege im Gebirgs- und Schutzwald
- Checkkarte: Jungwaldpflegemethoden im Gebirgs- und Schutzwald
- Artikel: Wildhuftiere und Waldverjüngung: Wenn die Zeit davonläuft

Download unter: https://www.gebirgswald.ch/publikationen.html

Fachstelle Forstliche Bautechnik

www.fobatec.ch

Der Bund, die Kantone und das Fürstentum Liechtenstein sind Träger der Fachstelle. Sie sammelt Erfahrungswissen und gibt es aufbereitet an die Praxis weiter. Ausserdem organisiert sie Weiterbildungen und vermittelt aktuelle Entwicklungen und Erkenntnisse der forstlichen Bautechnik. Durch rege Beteiligung der Praxis sowie Bildungs- und Forschungsinstitutionen fördert sie die Vernetzung und den Austausch unter Fachleuten.

7.4 FACHGRUPPEN

Schweizerische Gebirgswaldpflegegruppe (GWG)

www.gwg-gsm.ch

Die GWG ist ein Zusammenschluss von Gebirgswaldfachleuten ohne eigene Rechtsform. Die Expertengruppe bezweckt die Förderung einer nachhaltigen Pflege und Bewirtschaftung der Gebirgswälder unter Berücksichtigung der gesellschaftlichen Interessen. Schwerpunkte bilden dabei die Wirkung des Waldes gegenüber Naturgefahren im Allgemeinen und die Schutzwaldpflege im Speziellen.

Verbund Waldbau

www.wsl.ch/de/wald/bewirtschaftung-und-waldfunktionen/waldbau-wachstum-und-ertrag/verbund-waldbau/

Der Verbund Waldbau Schweiz vereinigt Waldbaufachleute, die in der Lehre und Forschung tätig sind. Er dient dem Informationsaustausch und der Fachdiskussion und soll dazu beitragen, die Waldbaukompetenzen in Bildung und Forschung in der Schweiz zu stärken und Synergien zu nutzen.

Schweizerischer Forstverein (SFV)

www.forstverein.ch

Zu den Mitgliedern des SFV zählen derzeit rund 800 ausgewiesene Fachleute aus den Bereichen Wald, Wildtiere, Landschaft, Naturgefahren, Naturschutz, Biodiversität, Raumplanung, Recht, Bauwesen, Soziologie und Gesundheit. Der SFV wurde im Jahr 1843 gegründet und setzt sich für die Erhaltung des Waldes und seiner Leistungen ein, damit auch künftige Generationen ihn vielfältig nutzen können. Er meldet sich mittels Positionspapieren und Stellungnahmen rund um den Wald zu Wort.

Arbeitsgruppe Waldplanung und -management (WaPlaMa)

www.forstverein.ch/de/arbeitsgruppen/waldplanung-und-management/portraet

Die Arbeitsgruppe WaPlaMa ist Teil des Schweizerischen Forstvereins und fördert den Erfahrungs- und Wissensaustausch aller an der öffentlichen und betrieblichen Waldplanung interessierten Personen und Institutionen. Sie betreibt und fördert das Netzwerk «Wissen Waldplanung Schweiz» und die Plattform «Planfor» (www.planfor.ch) für den Wissenstransfer bezüglich Waldplanungsfragen.

7.5 INTERESSENSGEMEINSCHAFTEN

Schweizerischer Forstverein

www.forstverein.ch

Der Schweizerische Forstverein – 1843 gegründet – setzt sich ein für die Erhaltung des Waldes und dessen Funktionen im Dienste der Allgemeinheit sowie für die Förderung einer nachhaltigen, möglichst naturnahen und gesunden Waldwirtschaft. Der Verein gibt die Fachzeitschrift *Schweizerische Zeitschrift für Forstwesen SZF* heraus.

OdA Wald Schweiz

www.oda-wald.ch

Die forstlichen Verbände und Bildungszentren haben am 15. November 2007 den Verein OdA Wald Schweiz gegründet (OdA ist ein Akronym für: Organisation der Arbeitswelt). Die OdA Wald Schweiz erarbeitet und genehmigt Reglemente für die Forstberufe. Diese beinhalten beispielsweise Bildungsziele und -inhalte für die verschiedenen Ausbildungen. Die OdA Wald organisiert die Berufsprüfungen der Forstmaschinenführer, Seilkraneinsatzleiter und Forstwartvorarbeiter.

WaldSchweiz: Verband der Waldeigentümer:innen

www.waldschweiz.ch

WaldSchweiz ist der Verband der Schweizer Waldeigentümer – vorher Waldwirtschaft Schweiz WVS. Er vertritt die Interessen der rund 250 000 privaten und öffentlichen Waldbesitzenden. WaldSchweiz setzt sich für Rahmenbedingungen ein, welche es den Waldbesitzenden und Forstbetrieben erlauben, den Schweizer Wald ökonomisch und ökologisch nachhaltig zu bewirtschaften, sodass er jederzeit fit und vielfältig bleibt.

Der Verband unterstützt die Waldeigentümer bei der optimalen Vermarktung ihrer Holzprodukte und anderer Waldleistungen und bietet professionelle Aus- und Weiterbildung sowie betriebswirtschaftliche Unterstützung.

Zudem ist er Herausgeber der führenden Fachzeitschriften *Wald und Holz* sowie *La Forêt* und führt den WaldShop mit Ausrüstung für die Forstarbeit. Mitglieder von WaldSchweiz sind kantonale und regionale Waldwirtschaftsverbände, Kantone sowie einzelne Waldbesitzende.

Verband Schweizer Forstpersonal (VSF)

www.verband-schweizer-forstpersonal.ch/

Dem VSF können alle im Bereich Wald tätigen Personen beitreten. Der Verband vertritt die Interessen seiner Mitglieder gegenüber den Arbeitgebern und der Öffentlichkeit. Er setzt sich für die Aus- und Weiterbildung des Forstpersonals ein und bietet verschiedene Dienstleistungen an. Der VSF ist ein wichtiger Gesprächspartner des Bundes bei der Ausarbeitung der Regelungen zur Aus- und Weiterbildung in den Forstberufen.

Fachverein Wald

www.sia-wald.ch

Im Fachverein Wald, der Teil des Schweizerischen Ingenieur- und Architektenvereins SIA ist, sind die Forstingenieur:innen zusammengeschlossen. Er setzt sich besonders für die Fort- und Weiterbildung seiner Mitglieder ein.

Verband Forstunternehmer Schweiz (FUS)

www.fus-efs.ch

In dem 1972 gegründeten Verband sind die Forstunternehmer zusammengeschlossen. Er setzt sich für eine kontinuierliche, erfolgreiche Entwicklung der Branche ein und vertritt die Interessen der Forstunternehmer in Kommissionen, Programmen und Gesetzgebungsprozessen.

Association Romande des Entrepreneurs Forestiers (AREF)

www.entreprises-forestieres.ch

Der Verband vertritt die Interessen der Westschweizer Forstunternehmer.

Lignum - Holzwirtschaft Schweiz

www.lignum.ch

Lignum – 1931 gegründet – bezeichnet sich als Dachorganisation der Schweizer Wald- und Holzwirtschaft. Sie fördert die Verwendung des Werk- und Baustoffes Holz. Dazu bietet sie Informationen für Bauherren, Behörden und Architekten an. Sie fördert ebenfalls die Entwicklung von neuen Holzverarbeitungsverfahren.

Weitere Fach- und Interessensgruppen

www.silviva.ch: Naturpädagogik und Umweltbildung
www.prosilva.ch: Dauerwald
www.proquercus.ch: Eiche
www.cpp-apw.ch: Wertholz
www.waldlabor.ch: Forschungs- und Kommunikationswald im Herzen von Zürich

Anhang

Ausblick von der Bhutanbrücke oberhalb von Leuk (VS) auf den Illbachgraben. Die fantastische Herbstfärbung der Lärche hat den Beinamen Lärchengold wahrlich verdient.
Bild: Julian Muhmenthaler

WEITERFÜHRENDE LITERATUR

Informationsplattform Waldwissen.net

www.waldwissen.net

Waldwissen.net, ein Gemeinschaftsprodukt der Forschungsinstitutionen FVA BW, LWF, BFW und WSL (Herausgeber) sowie verschiedener Partnerinstitute, ist die wohl wichtigste Informationsplattform zu Themen rund um den Wald und seine Bewirtschaftung. Die Website von forstlichen Fachleuten für forstliche Fachleute stellt qualitätsgesicherte Fachinformationen zu Wald, Mensch und Forstwirtschaft zur Verfügung und gewährleistet deren Aktualität. Neugierige finden hier in verständlicher Fachsprache verfasstes, verdichtetes und aufbereitetes Wissen zu unterschiedlichsten forstlichen Themen.

Bücher

- Brang, Heiri, Bugmann, (Red.) 2011: Waldreservate. 50 Jahre natürliche Waldentwicklung in der Schweiz. Haupt. 272 S.
- Dobler, Suda, Seidl, 2016: Wortwechsel im Blätterwald. Erzählstrukturen für eine wirksame Öffentlichkeitsarbeit. Books on Demand. 212 S.
- Domont, Zaric, 2024: Waldführer für Neugierige. Werd. 248 S.
- Leibundgut, 1951: Der Wald – Eine Lebensgemeinschaft. Zürich Büchergilde Gutenberg. 222 S.
- Pluess, Augustin, Brang, (Red.) 2016: Wald im Klimawandel. Grundlagen für Adaptationsstrategien. BAFU, WSL. Haupt. 447 S.
- Steiger, 2010: Wälder der Schweiz. Von Lindengrün zu Lärchengold. Ott. 464 S.
- Wilhelm, Rieger, 2018: Naturnahe Waldwirtschaft mit der QD-Strategie. Ulmer. 224 S.

ABKÜRZUNGSVERZEICHNIS

BAFU	Bundesamt für Umwelt
HAFL	Hochschule für angewandte Forst und Landwirtschaft
LFI	Landesforstinventar
Tfm	Tariffestmeter
WSL	Eidgenössische Forschungsanstalt für Wald, Schnee und Landschaft

STICHWORTVERZEICHNIS

Julian Muhmenthaler ist Umweltnaturwissenschaftler und Fachdidaktiker in Umweltlehre. Hauptberuflich bildet er zukünftige Förster:innen aus und setzt sich freiberuflich für die Kommunikation rund um den Wald ein, um den Dialog zu fördern und die Leidenschaft für den Wald und dessen Pflege auch für die Öffentlichkeit greifbar zu machen.

1. Auflage: 2025

ISBN 978-3-258-08397-1

Umschlag, Gestaltung und Satz: Die Werkstatt Medien-Produktion GmbH, D-Göttingen
Lektorat: Manuela Kupfer, D-Marburg

Umschlag vorne: Mischwald von oben im Herbst, Zürcher Oberland. © blickwinkel/P. Frischknecht
Umschlag hinten: Forêt du Lapé (FR), Sommer 2022. © Julian Muhmenthaler

Wir drucken mit mineralölfreien Farben und verwenden FSC®-zertifiziertes Papier.
FSC® sichert die Nutzung der Wälder gemäß sozialen, ökonomischen und ökologischen Kriterien.
Gedruckt in der Tschechischen Republik

FSC www.fsc.org
MIX
Papier | Fördert gute Waldnutzung
FSC® C010798

Diese Publikation ist in der Deutschen Nationalbibliografie verzeichnet.
Mehr Informationen dazu finden Sie unter http://dnb.dnb.de.

Der Haupt Verlag wird vom Bundesamt für Kultur für die Jahre 2021–2025 unterstützt.

Wir verlegen mit Freude und großem Engagement unsere Bücher. Daher freuen wir uns immer über Anregungen zum Programm und schätzen Hinweise auf Fehler im Buch, sollten uns welche unterlaufen sein. Falls Sie regelmäßig Informationen über die aktuellen Titel im Bereich Natur & Garten erhalten möchten, folgen Sie uns über Social Media oder bleiben Sie via Newsletter auf dem neuesten Stand.

Haupt Verlag AG
Falkenplatz 14
CH-3012 Bern
herstellung@haupt.ch
www.haupt.ch

Verantwortlich in der EU (GPSR):
Brockhaus Kommissionsgeschäft GmbH
Kreidlerstr. 9
DE-70806 Kornwestheim
haupt@brocom.de